高等教育工业设计专业系列实验教材

造型基础
MODELING BASIS
观察、认知与创造
OBSERVATION, COGNITION AND CREATION

宋珊琳 叶丹 主编

中国建筑工业出版社

图书在版编目（CIP）数据

造型基础：观察、认知与创造／宋珊琳，叶丹主编. —北京：中国建筑工业出版社，2019.8（2025.8重印）
高等教育工业设计专业系列实验教材
ISBN 978-7-112-23876-7

Ⅰ. ①造… Ⅱ. ①宋… ②叶… Ⅲ. ①造型艺术－高等学校－教材 Ⅳ. ①J06

中国版本图书馆CIP数据核字（2019）第122685号

责任编辑：吴 绫 贺 伟 唐 旭 李东禧
书籍设计：钱 哲
责任校对：张惠雯

本书附赠配套课件，如有需求，请发送邮件至1922387241@qq.com获取，并注明所要文件的书名。

高等教育工业设计专业系列实验教材
造型基础 观察、认知与创造
宋珊琳 叶丹 主编
*
中国建筑工业出版社出版、发行（北京海淀三里河路9号）
各地新华书店、建筑书店经销
北京锋尚制版有限公司制版
建工社（河北）印刷有限公司印刷
*
开本：850×1168毫米 1/16 印张：7¾ 字数：172千字
2019年8月第一版 2025年8月第五次印刷
定价：53.00元（赠课件）
ISBN 978-7-112-23876-7
（34178）

"高等教育工业设计专业系列实验教材"编委会

总 序
FOREWORD

仅仅为了需求的话，也许目前的消费品与住房设计基本满足人的生活所需，为什么我们还在不断地追求设计创新呢？

有人这样评述古希腊的哲人：他们生来是一群把探索自然与人类社会奥秘、追求宇宙真理作为终身使命的人，他们的存在是为了挑战人类思维的极限。因此，他们是一群自寻烦恼的人，如果把实现普世生活作为理想目标的话，也许只需动用他们少量的智力。那么，他们是些什么人？这么做的目的是为了什么？回答这样的问题，需要宏大的篇幅才能表述清楚。从能理解的角度看，人类知识的获得与积累，都是从好奇心开始的。知识可分为实用与非实用知识，已知的和未知的知识，探索宇宙自然、社会奥秘与运行规律的知识，称之为与真理相关的知识。

我们曾经对科学的理解并不全面。有句口号是"中学为体，西学为用"，这是显而易见的实用主义观点。只关注看得见的科学，忽略看不见的科学。对科学采取实用主义的态度，是我们常常容易犯的错误。科学包括三个方面：一是自然科学，其研究对象是自然和人类本身，认识和积累知识；二是人文科学，其研究对象是人的精神，探索人生智慧；三是技术科学，研究对象是生产物质财富，满足人的生活需求。三个方面互为依存、不可分割。而设计学科正处于三大科学的交汇点上，融合自然科学、人文科学和技术科学，为人类创造丰富的物质财富和新的生活方式，有学者称之为人类未来"不被毁灭的第三种智慧"。

当设计被赋予越来越重要的地位时，设计概念不断地被重新定义，学科的边界在哪里？而设计教育的重要环节——基础教学面临着"教什么"和"怎么教"的问题。目前的基础课定位为：①为专业设计作准备；②专业技能的传授，如手绘、建模能力；③把设计与造型能力等同起来，将设计基础简化为"三大构成"。国内市场上的设计基础课教材仅限于这些内容，对基础教学，我们需要投入更多的热情和精力去研究。难点在哪里？

王受之教授曾坦言："时至今日，从事现代设计史和设计理论研究的专业人员，还是凤毛麟角，不少国家至今还没有这方面的专业人员。从原因上看，道理很简单，设计是一门实用性极强的学科，它的目标是市场，而不是研究所或书斋，设计现象的复杂性就在于它既是文化现象同时又是商业现象，很少有其他的活动会兼有这两个看上去对立的背景之双重影响。"这段话道出了设计学科的某些特性。设计活动的本质属性在于它的实践性，要从文化的角度去研究它，同时又要从商业发展的角度去看待它，它多变但缺乏恒常的特性，给欲对设计学科进行深入的学理研究带来困难。如果换个角度思考也许会有帮助，正是因为设计活动具有鲜明的实践特性，才不能归纳到以理性分析见长的纯理论研究领域。实践、直觉、经验并非低人一等，理性、逻辑也并非高人一等。结合设计实践讨论理论问题和设计教育问题，对建设设计学科有实质性好处。

对此，本套教材强调基础教学的"实践性"、"实验性"和"通识性"。每本教材的整体布局统一为三大板块。第一部分：课程导论，包含课程的基本概念、发展沿革、设计原则和评价标准；第二部分：设计课题与实验，以3~5个单元，十余个设计课题为引导，将设计原理和学生的设计思维在课堂上融会贯通，课题的实验性在于让学生有试错容错的空间，不会被书本理论和老师的喜好所限制；第三部分：课程资源导航，为课题设计提供延展性的阅读指引，拓宽设计视野。

本套教材涵盖工业设计、产品设计、多媒体艺术等相关专业，涉及相关专业所需的共同"基础"。教材参编人员是来自浙江省、江苏省十余所设计院校的一线教师，他们长期从事专业教学，尤其在教学改革上有所思考、勇于实践。在此，我们对这些富有情怀的大学老师表示敬意和感谢！此外，还要感谢中国建筑工业出版社在整个教材的策划、出版过程中尽心尽职的指导。

叶丹　教授
2018 年春节

前言
PREFACE

近年来随着设计艺术的发展，作为设计专业的基础课程——造型基础也遇到了前所未有的机遇和挑战。造型基础这门课程到底教什么、怎么教才能跟上时代发展的步伐？这是从事基础教学的老师们普遍面临的一个问题。以往大多造型基础课程几乎都是将重点放在如何培养学生绘画造型的能力上，陷入到一个只重视绘画技巧，却忽略了学生发现、感受事物的能力，弱化了创新思维培养的局面。学生到了中高年级，学习设计专业课程时往往会觉得一下子适应不过来，造成了基础课程和专业设计课程的脱节。

设计本就是一种创新，作为艺术设计基础课程的造型基础课不应仅仅只承担着绘画技法表现的培养，更是应该把观察力、创造力的培养融入基础课程的教学中。因此，通过鼓励学生去寻找、发现生活中的细节，发现生动的形态，始终保持着好奇心，抛开我们以往程式化的观察和绘画方式，把所观察到的、所想到的记录下来，进行创新表现。基于此，本教材遵循着"从观察到认知，从认知到创造"的思路进行编写。尝试着将绘画到设计做一个合理的过渡，注重将感性的认知和理性的思维相结合，打通基础课程和设计课程的壁垒。通过项目实践教学，将知识点融入课题实践中。本书的课题练习都是通过课堂的实际教学出发，围绕着每一章中的项目设置紧密相关的课题实践。通过实践，理解与内化基础知识，探索表现的方法和技能，在这一过程中获取对造型的敏感性。由以往被动地描摹对象变为主动地获取。在基础造型课程中就开始培养观察、发现与创造的思维方式，培养独立思考、勇于探索的精神。同时不忘夯实基础，注重学生艺术审美和修养的提高，为今后专业设计课程的学习打下坚实的基础。

本书共分为三大章，第 1 章是观察与感受，即教授学生如何发现、如何观察对象的问题。第 2 章是认知与表现，即通过形态与结构、形态与空间、形态与质感以及媒材与语言进行视觉化的呈现。第 3 章是体验与创造，主要是如何对形态进行想象与创新，本教材囊括了从具象写实到抽象表现，从感性认识到理性分析，再上升到融合感性和理性的创造性表达。试着为绘画和设计做一个良好的衔接和过渡。

本书得以顺利编写完成，首先要感谢中国建筑工业出版社给予的机会和支持。特别感谢潘荣教授的协调组织和鞭策，以及叶丹教授的指导和鼓励。感谢薛朝晖、周燕、姜法彪、陈炼等老师的帮助。同时感谢承担图片整理和编排的岑佳枫同学，以及杭州电子科技大学产品设计专业为本书提供优秀作业的同学们。此外，本书的编写得到了浙江省高等教育课堂教学改革《"对分课堂"模式下〈造型基础〉课程的教学改革研究》项目的资助，编号（kg20160139）。

由于编写时间以及本人学识经验的有限，存在的疏漏和不足之处也恳请各位读者和专家给予批评、指正。

宋珊琳
2018 年 12 月

课时安排
TEACHING HOURS

■ 建议课时 68

课程	具体内容		课时
观察与感受 （12课时）	观察与发现	寻找、发现日常中的造型	8
	观察与构图	构图小练习	4
认知与表现 （36课时）	形体与结构	形体结构的分析	8
	形态与空间	生活中的负形之美	8
		黑白灰的表现	
	形态与质感	不同质感的表达	16
	媒材与语言	城市寻踪	4
体验与创造 （20课时）	从自然形态到装饰造型	果蔬形态的分析与概括	12
		植物基础形态的装饰表现	
		自然形态的装饰造型变化	
	解构与重构	瓶罐的解析与重构	4
	想象与创意	声音——听·画	4

目 录
CONTENTS

01

第 1 章　观察与感受

第1章　观察与感受

1.1　观察与发现

导论

　　这是进入大学后的第一次造型基础课。不同于老师摆好了静物、石膏，学生进行写生训练的以往，新课是让学生自己去找"描绘"的对象。可以是画室中或者是走出画室外，去寻找你觉得日常中有意思的或者是容易被忽略的形态作为描绘的对象。这个对象可以是一个完整的形态，也可以是完整形态中的一个局部。

　　由于传统升学的选拔方式，在以往的课程中我们更多的关注于画画的技巧，却鲜少关注过我们生活中熟悉的形态，认为一切的形态造型便是理所当然，我们"照着画"就是了。却忽略了自身主观感受和艺术个性的养成。面对这样的课题要求，对于大学新生入学的第一堂造型基础课就是面对"画什么"的问题。这就要求学生有一双"善于发现的眼睛"，也是培养未来设计师的第一步——善于在生活中寻找、发现。课程中，教师应多鼓励学生放开手脚，去寻找他们觉得有意思的形态，尊重自己的内心感受，把采集到的形态用自己独特的视角去表现。在这个课程中甚至可以先忽略如何表达，把问题的焦点首先聚集于有意思的形态的采集上（图1-1）。

图1-1　院中的一隅（作者：张澄澄/指导：宋珊琳）

课题实践　寻找、发现日常中的造型

课题描述:

寻找日常学习、生活中你觉得有意思的或容易被忽略的形态,并以此为对象进行观察、写生。可以是生活中不被关注的一片叶子、一个废弃的纸团、一面斑驳的墙体……每个同学对物象形态的感知不同,选择的表现对象也不尽相同。在看似普通的身边事物中发现物象的亮点,其发现本身就是对观察和思考的一大考验。

训练目的:

通过课题实践,促使学生关注日常生活中的微小细节,善于在平常的事物中发现美的艺术形式,培养认真观察和独立思考的习惯,并能够以自己独特的视角表现平凡事物中的造型形态。

课题要求:

(1)把视点关注于我们日常生活中的一些平常事物。

(2)在平凡的事物中发现其不凡的特质,或是有意思的造型形态,或是有特点的形式,或是富有特点的质感……诸如此类。

(3)把所寻找到的有意思的形态用自己的视觉语言进行呈现。

表现方式:

绘画

作业尺寸:

8开

知识点

观察

在寻找和发现的过程中,始终离不开一个关于"看"的问题。寻找和发现的过程其实就是一个"观察"的过程。契蒙·尼古拉第斯说过:学画,其实是一个学"看"——正确地看的问题,而"看"意味着不仅仅只是用眼睛来看,画你所理解的,而不是你看到的。在这里"看"是指主动地去"观察",而不是被动地看到了什么。因此,在这个课题中,"观察"是一个核心问题。

"观察",不单纯是眼睛器官的活动,而是集合了"耳、鼻、口"等器官的综合感知,进而引起大脑思维活动的过程。每个人看的方式、看的角度不同,感官经验不同,所引起的心理感受也不尽相同。因此,在课程中要求大家用心去观察和感受,采集形态时更是要问问自己:我为什么采集这个形态作为表现的对象?它什么地方吸引了我?……诸如此类问题。

思考

其次是关于美的发现，即选择的问题。对于看到、感受到的信息，我们并不是全都把它画下来，而是在那么多的信息中有选择地作为表达的对象。国画大师李可染先生在写生时"并不轻易选择对象，也不轻易动笔，而是在景物面前似有所悟之后，再从容动笔"。大师在作画前慎重、仔细地选择、思考表达的对象，即关于画什么，以什么样的视角画，怎么画等问题……直到胸有成竹后才从容落笔。大师"看"和"思"的观察、发现方式很值得我们学习。在决定选择什么样的信息作为表达对象时，我们不妨从以下几个方面去考虑：

（1）视觉对象的形体、结构特征。视觉对象的外形、肌理、质感或者内在结构的排列组合富有特点和意思。

（2）视觉对象的光影关系。注意对象的明暗和光影效果，特别是背光光影下物象所呈现的简洁、单纯的形态美。

（3）视觉对象与空间的关系。不仅是注意物体的外形、结构，更是要把对象放置于一定的空间中，体味物体与整个空间关系所形成的视觉张力。

（4）被选择的视觉对象含有某种隐喻性。透过视觉形象所传递出来的引人思考的意味。

（5）视觉对象呈现出的富有特色的形式感。

设计学科的《造型基础》课程是为专业设计的学习奠定基础。设计来源于生活并且改变生活，这就要求我们把视线转向于日常中的生活，观察生活中的细节，在日常生活中寻找灵感。以色列画家阿利卡相信："任何一件微小的事情都可能具有意义。"因此，他的作品题材大多取自于周围日常生活中平凡的甚至会基本忽略的一些事物，以及熟悉的亲朋好友。例如，几个随意摆放的水果或者蔬菜、折叠整齐的毛巾、搁在门口的雨伞、桌上的一个勺子、室内的一扇门窗……都是他的画作题材。阿利卡用他敏锐的观察力在细微的事物中发现其所蕴藏的美。在阿利卡的笔下，原本平凡而又熟悉的东西变得那么新奇，但又不失其纯真、自然的本色（图1-2）。

图1-2 两根法棍（作者：以色列 阿维格多·阿利卡）

阿利卡"无先验"的观察方式也很值得我们去学习。新具象表现主义认为作画的过程是一个视觉追问、体验、理解和发现的过程。主张"除去既定观念和杂念的影响，来观察事物。"不要带着既有的观念和视觉经验去观察对象，要做到"面向事物本身"地看，即"无先验"的观察方式。首先，"无先验"的观察方式要求把原有的视觉经验暂且搁置，回到事物本身。其次，"无先验"的观察方式要求我们更为直观地看，即表现为直观地从事物的特征入手去感知。再次，"无先验"的观察方式表现为在创作的过程中始终持着一种怀疑的态度，质疑自己所看到的物象，即为能看到多少和该看到多少的问题。阿利卡遵循这种"无先验"的观物方式，对日常中的细微事物深入观察，画所看到和感受到的，并不是凭借记忆中的印象或带着既有的观念和方式去作画，而是对尽力观察后所感知到的真实再现。这种真实再现不是客观地再现自然，而是按照画家"自我的感觉方式来表现对象"。因此，他的画作时常是通过观察后，从趣味的那部分入手，再去衡量和协调所有的比例关系，由它开始辐射到整个画面，所以作品像是对于某一事物存在的瞬间痕迹的记录。因此，阿利卡的作品中时常带给人"片段的"、"瞬间的"味道。他的这种"无先验"的观物方式也可以为我们的观察和认知带来一定的启示（图1-3～图1-5）。

图1-3 山姆的勺（作者：以色列 阿维格多·阿利卡）

图1-5 有着蓝色餐巾的平静生活（作者：以色列 阿维格多·阿利卡）

图1-4 绿袋子上的大葱（作者：以色列 阿维格多·阿利卡）

作品案例分析

图 1-6 是生活中常见的静物：衬布、果盘和水果。作者把观察的对象转向于日常中极其平凡的事物。深色桌布上的果盘和水果配以幽暗的光影明暗，静物显得单纯而简洁，仿佛这是在一个静谧的午后，这份安静谁都不愿去打扰。画面的色调渲染了整个画面的氛围。作者通过观察平凡的事物，捕捉到想要传递的信息。这种信息的捕捉是基于认真观察、认真思考的基础之上的。作品不仅展现了创作者扎实的绘画基本功，更是让读者读出了画外之意，画面似乎有了"诉说"的味道。

图 1-6　桌上的水果（作者：佚名 / 指导：宋珊琳）

教学示例

第一次由自己决定画什么，开放式的课题，要求通过观察，让同学们在普通的事物中发现形态之美。例如，一片落叶、一块干草垫、局部脱落树皮的树干、砌了一半的砖墙、滴入水中的墨汁……都变成了同学们表现的对象。引导同学们重新观察、发现身边的事物，在日常生活中养成思考和观察的习惯（图 1-7 ~ 图 1-12）。

图 1-7　树叶（作者：裴家楠 / 指导：宋珊琳）

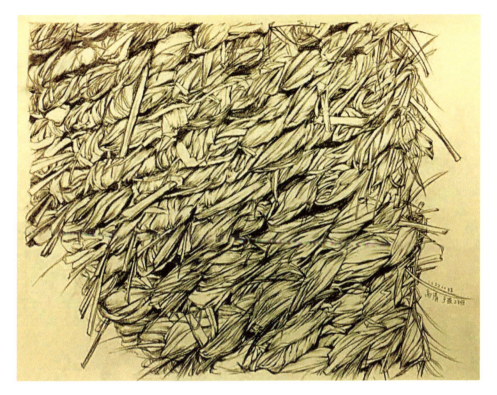

图 1-8 草垫（作者：高倩 / 指导：宋珊琳）

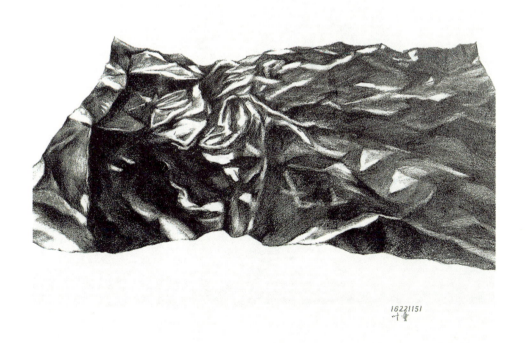

图 1-9 揉皱的塑料纸（作者：叶童 / 指导：宋珊琳）

图 1-10 树皮（作者：蒋频 / 指导：宋珊琳）

图 1-11 砖墙（作者：佚名 / 指导：宋珊琳）

图 1-12 水中的墨汁（作者：许坚楠 / 指导：宋珊琳）

1.2 观察与构图

导论

在造型训练中，我们通过观察把带有主观感受的形态转化为画面中的视觉形态时，首要考虑的就是如何将表现的对象安放在画面中合适的位置上。其实，这就牵涉一个构图的问题。所谓的构图就是指创作者根据表现的主题和情感，把表现的对象合理地组织起来，形成一个和谐有序的画面。简而言之，构图是对画面内容和形式的安排。在中国古代画论里揭及的"章法"、"位置经营"之说，其实指的就是构图。可见自古以来，构图在绘画中就占有重要的地位，是画面构成的重要因素。构图和观察的视角、观察的距离、观察的方位以及对象的排列组合方式有着密切的关系。

不少同学曾遇到过这样的问题：明明已经在一个画面中安排的对象不少了，但还是觉得缺了些什么，总是觉得画面不完整且充斥着拼凑感，自然无美感可言。但有些画面却主题突出、新颖、简洁，物象之间层次清晰且富有条理。一个好的构图是画面获得成功的首要因素。因此，研究构图就要把整个画面的每一块地方都做统筹的考虑安排，从总体入手来经营对象在画面中的位置。研究画面中形态大小的比例关系、形态之间的以及形态与空间的比例关系。构图虽无定法，但还

是具有一般的规律和法则。合理的构图是基于人们的审美需要，其核心便是追求均衡的视觉感受，这种感受是一种力量的平衡（图1-13）。

图1-13 西红柿和黄瓜（作者：以色列 阿维格多·阿利卡）

课题实践　构图小练习

课题描述：

以单个或者多个对象作为观察对象，以速写的形式进行构图练习，对象选择不宜过于复杂，每张速写时间控制在 15 分钟内。体会形态与形态之间的位置关系，以及对象在画面中所处不同位置带给人的视觉感受。构图练习时不要太拘泥于形态的细节表现，而是关注在对画面布局的经营上。

训练目的：

通过构图小练习，使学生理解基本的构图法则。学会如何组织和排列物象，并鼓励学生在基于主观情感的基础上探索个性化的构图，使画面的构图更富有形式感和趣味性，提高构图的能力，培养自主探索的情感态度。

课题要求：

（1）理解几种常用的构图法则及其特点，探索不同构图手法对画面视觉的影响。

（2）自主地对表现对象进行合理的组织和排列，注意物象和物象之间的位置关系以及局部与整体的关系。

（3）尝试着做一些非常规的构图，使得画面新奇和富有趣味感。

表现形式：

速写

作业尺寸：

不大于 16 开

知识点

几种常用的构图形式

三角形构图

三角形构图一般是指画面中的对象以正立的三角形分布，这种构图给人以稳定、坚实、积极、向上的视觉感受。如图 1-14，法国夏尔丹的静物作品《草莓》，采用典型的三角形构图，配以精湛的写实技巧，仿佛这堆草莓是自己跑到桌子上来的一样。草莓新鲜水灵的感觉跃然纸上。对于夏尔丹的精湛构图，皮埃尔曾评价："一堆草莓具有金字塔般的规模"（图 1-15）。

图 1-14 装有野草莓的篮子
（作者：法国 让·西梅翁·夏尔丹）

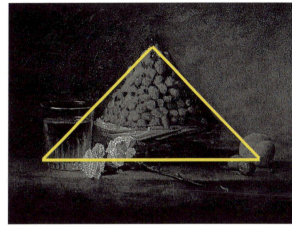

图 1-15 草莓构图示意

"S"形构图

　　画面中的主要物象呈"S"形，具有蜿蜒、流动、深远、流畅、迂回的视觉感受。这种构图方式具有曲线的美感，画面往往给人以柔美和流畅的动感。如图 1-16，英国大卫·霍克尼的作品《盖罗比山》是由一条呈"S"形的蜿蜒公路把远景、中景和近景和谐有序地安排在一起。画面动静结合，以动衬静。看似寂静无比的山丘和田野，因为有了"S"形的公路而平添了几分动感，仿佛即将会有一辆小车"突突"地驶向幽静的田野深处。作者成功地将静态画面进行动态的表达，反之这种动感更加衬托了田野和山谷那极致的宁静（图 1-17）。

　　"Z"形构图其实是从"S"形构图发展而来的，相比于"S"形构图更多了一份迂回、曲折的味道。

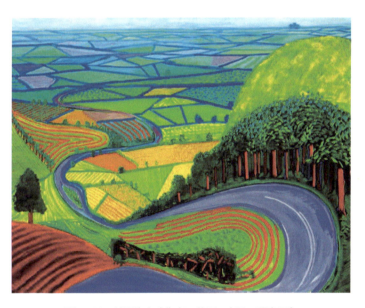

图 1-16 盖罗比山（作者：英国 大卫·霍克尼）

图 1-17 盖罗比山构图示意

圆形构图

画面中的视觉骨架线呈圆形，整个画面具有循环往复的视觉流动感，形成具有封闭的围合的"场"的感觉，使得表现的主题明确而突出，给人以整体、团块的视觉感受。同时圆形往往也会让人联想到诸如收获、团圆、丰收、包容的意境（图1-18）。

如图1-19是德国版画家珂勒惠支的作品《母亲与死去的孩子》。画面中悲痛欲绝的母亲怀抱着死去的孩子，蜷坐在地上，把头深深地埋在了孩子的身体里。母亲的头部、肩部、背部、胯部、膝盖、腿共同构筑了一个圆形的视觉骨架。这样的构图把视线牢牢地锁定在了这个圆形范围之内。画面整体、简洁，没有多余的语言，却淋漓尽致地表达出了母亲失去孩子的悲痛之情，带给人极强的视觉震撼力（图1-20）。

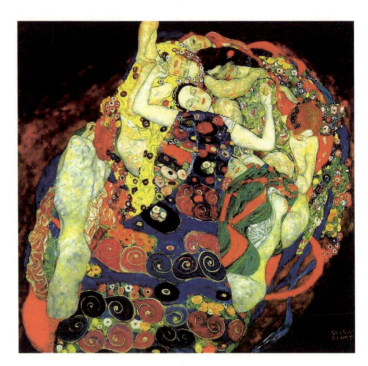

图1-18 处女（作者：奥地利 古斯塔夫·克林姆特）

图1-19 母亲与死去的孩子（作者：德国 凯绥·珂勒惠支）

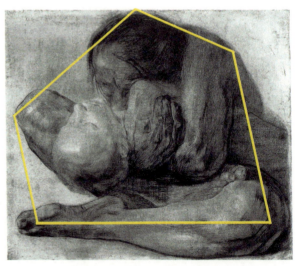

图1-20 母亲与死去的孩子构图示意

水平线构图

水平线构图会给人带来宁静、开阔、平稳、庄重的视觉感受，同时也会传递出一种和谐的理性秩序。水平线构图常用来表现海洋、湖泊、地平线、原野等风景，这往往暗示了人们对内心纯净、平和的向往和追求。如图 1-21 中国五代时期董源的《潇湘图》，画面由数条长短不一的水平线构成画面的结构线。通过平缓连绵的山势和大片平静的水域展现了深山空谷、宁静闲适的意境（图 1-22）。

图 1-21 潇湘图（作者：董源）

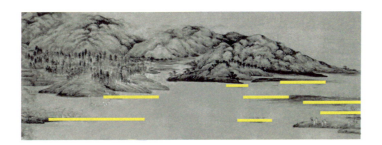

图 1-22 潇湘图构图示意

垂直线构图

垂直线构图具有高耸挺立、积极、向上的视觉体验。在表现高楼大厦、塔、碑等景观时，时常可以见到垂直线构图。

垂直线构图还往往暗含着庄严、整齐、富有精神和秩序感的隐喻性。如图 1-23 是瑞士费迪南德·霍德勒的《被选者》，画面中六个仙女们悬空垂直排列着，把跪坐着的小男孩半围在中间。仙女们神情安详，似乎无论被选与否，一切都是神的安排。多

图 1-23 被选者（作者：瑞士 费迪南德·霍德勒）

条垂直线重复排列的构图形式渲染了整个画面神圣、庄严的氛围（图1-24）。

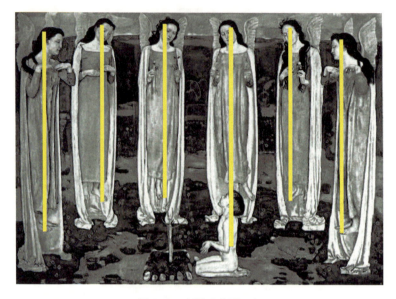

图 1-24　被选者构图示意

水平线 + 垂直线的构图

　　水平线 + 垂直线的构图也是常用的构图形式。这种形式的构图画面给人以平稳、理性又不失呆板的心理感受。如图 1-25，荷兰霍贝玛的《米德哈尔尼斯的林荫道》就是采用了水平线 + 垂直线的构图形式，用压低的水平线凸显了两排垂直向上尚未成荫的幼树。而垂直于视平线的幼树更是加强了向远方纵深的透视感。画家对画面构图的巧妙运用与安排，使原本平凡的乡村小道极富宁静、质朴、诗意的自然美感。霍贝玛的《米德哈尔尼斯的林荫道》堪称是风景画构图的经典之作（图 1-26）。

图 1-25　米德哈尔尼斯的林荫道（作者：荷兰　梅因德尔特·霍贝玛）

图 1-26　米德哈尔尼斯的林荫道构图示意

斜线构图

画面中主要的结构线，由于偏离了水平或者垂直线而呈现出倾斜的样式。斜线构图会使画面富有动感和速度感，但也会带有不稳定、危险、紧张、不安的心理暗示。倾斜的角度越大，动感和危险感也会越大。在做斜线构图时，经常会以水平线或者垂直线作为辅助的参考（图1-27~图1-29）。

如图1-27《肯特海滩》向我们描绘了一个在狂风大浪中人们在海面上艰难逃命的场面。画作中的帆船在风浪中与海平面几乎呈30°的倾斜角度。一个海浪打来，帆船似乎马上就要被倾覆了。一辆满载着逃生人群的救生船也以斜线的样式出现在画面中，挣扎着逃离这片危机四伏的海面。作品成功地运用了斜线式构图，描绘了这危急、紧张、惊心动魄的场面（图1-28）。

图1-27 肯特海滩（作者：法国 泰奥多尔·居丹）

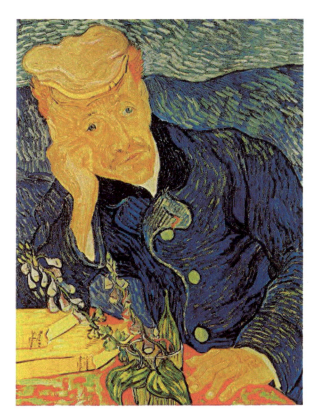

图1-29 加歇医生的肖像（作者：荷兰 凡·高）

图1-28 肯特海滩构图示意

凡·高为其精神科医生做的肖像画《加歇医生的肖像》采用了对角倾斜线的构图，着力于表现加歇医生的沉郁、烦躁和不安的精神状况。画面中倾斜线的构图同时也含蓄地表达了凡·高对同样可能患有精神问题的加歇医生的担忧和不安（图1-29）。

构图也不是一成不变的。我们在实践创作中，不能陷入程式化的形式，而是应该根据基本的构图形式和规律，结合自己独特的观察视角和感受创造出新颖而又富有美感的构图。

阿利卡不仅观察视角独特，且在构图上也极具特色。他主张："构图应完全服务于对对象的不同感受"。他的许多绘画作品打破了传统式的构图，带给人耳目一新的视觉感受。如图1-30作品《绿色运动鞋》中褐色的转角楼梯占据了大部分画面，而作为主要表现对象的绿色运动鞋只是被安排在画面的右上角，并且没有完整地展现出来。看了这样的画面不禁会使观者产生诸如此类疑问：运动鞋的主人有急事吗？为何连鞋都不摆放整齐，任之随意散落在楼梯上……阿利卡独特的构图方式留给了观者无限想象的空间。正是这种不完整、边角式的构图形式，增加了画面的真实性、趣味性和故事性（图1-31、图1-32）。

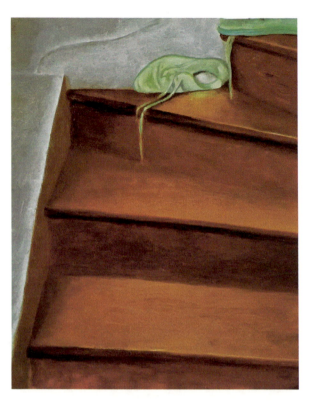

图1-30 绿色运动鞋（作者：以色列 阿维格多·阿利卡）

图1-31 三件衬衫（作者：以色列 阿维格多·阿利卡）

图1-32 倚在桌边的安娜（作者：以色列 阿维格多·阿利卡）

作品案例分析

通常在表现树木时会采用竖构图，以显示树木高大、挺拔的特征。如图 1-33 作者却一反常态地采用了横构图，并且把主体物——树，安排在画面中间偏下的位置，只露出了树冠部分。而留白却占据了画面中大量的位置，用以表现广阔的天空。两三根电线歪歪扭扭地横在空中，似乎是调皮的鸟儿在上面稍作停留后便扬长而去的休息地，电线的出现为画面增添了"动"的乐趣。作者灵活地运用了中国画构图中的"留白"以及裁切式的手法进行构图，新颖且富有特色。

图 1-33 树（作者：房渝皓 / 指导：宋珊琳）

图 1-34 桌上的花瓶（作者：吴一 / 指导：宋珊琳）

如图 1-34 中水平的桌子和竖直的椅背及中景处的三个花瓶构成了画面"水平线 + 垂直线"的主构图。近景处的衬布和倒下的花瓶构成了"倾斜式"的辅构图。画面中两种构图形式相结合，简洁而又不失空洞。配以简单的黑白灰关系，整个画面雅致而又趣味十足。

教学示例

　　示例中的几幅作业分别尝试着用几种常规的和非常规的构图手法对选择的物象进行速写练习。体会了不同的构图手法所带来的不同的视觉效应和感受。例如，《卷笔刀》的构图习作，卷笔刀放置的方向与地面瓷砖的铺设方向形成了倾斜的十字，这样的构图不仅增加了画面的动感，还似乎多了一份"瞬间性"。《吊扇》采用了裁切式构图，这种不完整的构图形式反而给画面增添了趣味性（图1-35～图1-46）。

图 1-35　美工刀（作者：李静怡 / 指导：宋珊琳）

图 1-36　吊扇（作者：李晨琛 / 指导：宋珊琳）

图 1-37　卷笔刀

（作者：李晨琛 / 指导：宋珊琳）

图 1-38　桌上的布（作者：李静怡 / 指导：宋珊琳）

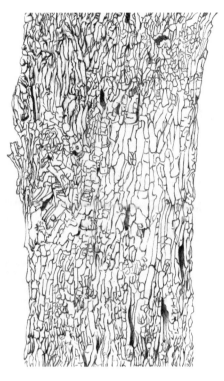

图 1-39　树干（作者：朱淑婷 / 指导：宋珊琳）

图 1-40　水（作者：姜丽娜 / 指导：宋珊琳）

图 1-41　窗户（作者：许锴蕾 / 指导：宋珊琳）

图 1-42　垃圾桶（作者：张方瑜 / 指导：宋珊琳）

图 1-43　窗前（作者：李静怡 / 指导：宋珊琳）　　　图 1-44　笔筒（作者：李静怡 / 指导：宋珊琳）

图 1-45　一瓶饮料（作者：李静怡 / 指导：宋珊琳）　　　图 1-46　挂着的毛巾（作者：李静怡 / 指导：宋珊琳）

02

第 2 章　认知与表现

第2章　认知与表现

2.1　形体与结构

导论

任何物质对象都是由内部的构造决定外部的形态。具体表现为形体是物质外部的形态，而结构是物质的内部构成形式。从结构入手的造型训练主要是对物象形体、结构的分析和研究，从而认识物象内在的结构组织、变化规律及其对外部形态的影响。

以往我们只是较多关注于物象的外形特征，却很少会观察它们的内在结构。除了改变观察的视点，我们也可以通过局部的观察、分析来获取对象的新鲜感。这个局部的观察不仅仅是指观察对象的外表各部分的形态，还包括内在局部结构的观察。若是人工形态的话，可以根据外在的形推导内在的结构关系。甚至部分自然形态更是可以通过解剖对象，去探索内在的结构（图2-1）。

我们始终要让自己保持着对物象的好奇心和新鲜感。试图突破以往常态的观察角度，尝试着从各个角度、视点去观察物体。当看的视点发生了变化，看到的形态也会发生相应的变化，这或许会带来意想不到的新的视觉形态。

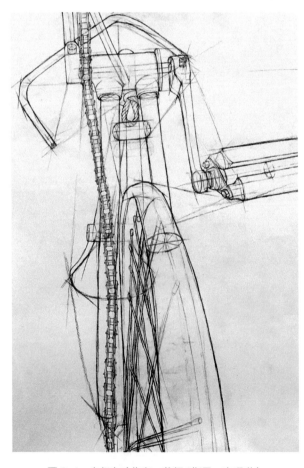

图2-1　自行车（作者：蒋频/指导：宋珊琳）

课题实践 形体结构的分析

课题描述：

可以自选以下几组物体对象（石膏几何体、静物、产品作为表现的主体），抛开光影、明暗对物体的影响，用线性的手法对形体进行结构的分析。要求在感性的基础上，理性地观察和表现对象，合理运用透视原理，正确表达物体与物体之间的比例关系、外部特征。并根据看得见的外在形体推导内在的、看不见的结构，理解结构与结构之间的关系。且注重线条的虚实、深浅、浓淡的运用，使画面具有生动性和绘画性。

训练目的：

通过课程训练，理解形态内在的构造原理、形态表象与内在结构的关系、形体与空间结构的关系。以理性的观察和思维方式建立正确的结构观念，培养对形体外部特征和内在结构之间的相互推导能力，提高对物象的本质特征和结构原理的认知，培养空间结构想象的能力，学会用结构素描的方式进行表现对象。培养深度观察、理性分析和准确表达的造型能力。

课题要求：

（1）摆脱对物象表面光影的描摹，以线的方式来表达物象的外在形体和内在的构造。

（2）理解几种常用的透视法则，并用于实践，科学地分析、推导物象的形体和内在的构造。

（3）注意线条的虚实和浓淡。

表现方式：

结构素描

作业尺寸：

8开或4开

知识点

结构

结构的分析是造型训练中最基本、最核心的内容。结构依赖于有形的实体，它是形态表象特征的内在特质。内在结构决定了物象的外在形态。结构可以分为形体结构和空间结构两大类型。形体结构是指每个物体形态其特有的构造特征与组合形式。空间结构是指物体形态或者形态与形态之间存在于三维空间中的秩序。形体结构和空间结构是有机构成的，形体结构总是存在于一定的空间结构中。

结构具体表现在两个方面：

其一，指物体内在的构造方式。结构依赖于有形的实体，它是形态表象特征的内在特质，内在结构决定了物象的外在形态。例如，作为自然形态的人，其外在体表和内在的骨骼、肌肉的构造有着千丝万缕的关系，只有了解了内在的骨骼和肌肉的生长机制，才能使描绘的对象不流于浮华。

文艺复兴时期意大利伟大的绘画家、雕塑家米开朗基罗就清醒地意识到这一点，保持着对自然的理性认知。他通过解剖，科学地理解人体内部的构造与体表的关系，因此他的绘画、雕塑作品将艺术的审美和科学的认知完美地结合在一起。作为文艺复兴时期三杰之一的达·芬奇，在绘画、建筑和设计领域都取得了卓越的成绩。从他留下的大量手稿中可以看出他对于形体结构有着深入的研究和理解（图2-2~图2-4）。

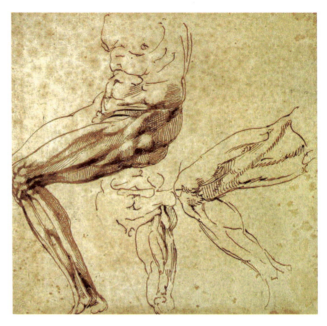

图2-2　人物解剖素描（作者：意大利　米开朗基罗）

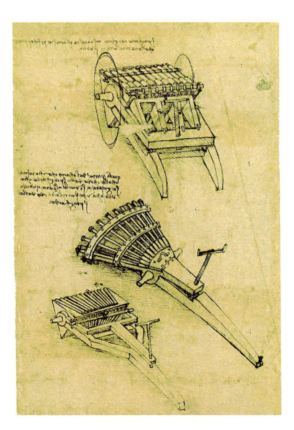

图2-4　机械工程类手稿2（作者：意大利　达·芬奇）

图2-3　机械工程类手稿1（作者：意大利　达·芬奇）

其二，是指物象的造型特征，即形态的几何特征。从塞尚给博纳尔的书信中我们可以看到塞尚把任何复杂的物象都概括成几何形体（如柱体、球体、椎体）进行理解。万物的形态本质造型特征都可以简化为几何形体。如图2-5塞尚的作品《有姜瓶、糖罐和苹果的静物》虽舍弃了物象的明暗、形体的透视关系，却借助于形体轮廓结构的特征，建立形态与形态之间的结构关系，注重物象体量感的营建，他的静物作品给人以结实感和空间感（图2-6）。

 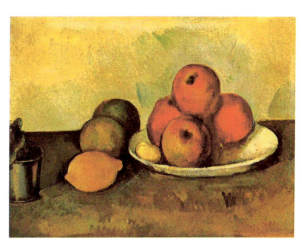

图2-5 有姜瓶、糖罐和苹果的静物（作者：法国 保罗·塞尚） 图2-6 水果（作者：法国 保罗·塞尚）

结构素描

结构素描摒弃了物象复杂的色彩和明暗的关系，以线条的虚实、粗细、浓淡来表达物体的外在形体特征和内在的组织构造。通过对物象的仔细观察和理性分析，研究客观物体的比例与构造、形体与组合、形体与空间的关系。一般而言，以结构素描的方式来表现物体造型时，外在不被遮挡的轮廓线粗且浓，辅助线和被遮挡的结构线细且淡，这是为了画面空间感的营建以及画面秩序的有序组织（图2-7、图2-8）。

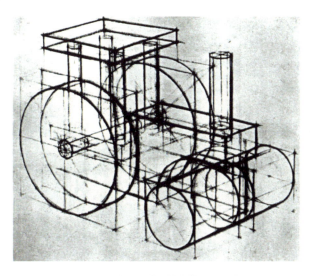 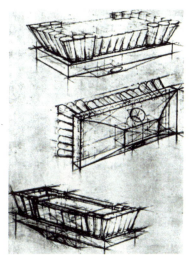

图2-7 巴塞尔设计学校素描教学手稿1 图2-8 巴塞尔设计学校素描教学手稿2

透视

在二维的平面空间中展现物体的立体感和空间感以及研究物体的形体结构关系往往离不开对透视原理的运用。"透视"一词来源于拉丁文"Perspclre"（看透），故可以解释为"透而视之"。它是指通过一层透明的平面去研究后面物体的视觉科学。透视是表现形体结构和空间的重要手段（图2-9）。

图2-9 铁路（作者：龚琛惠/指导：宋珊琳）

几种常用的透视法

平行透视

是指立方体的两组线条，一组平行于画面，另一组垂直于画面，并向一个消失点聚集，因此，又称为一点透视，如图2-10。平行透视对称感、纵深感强，画面往往会显得比较庄重。

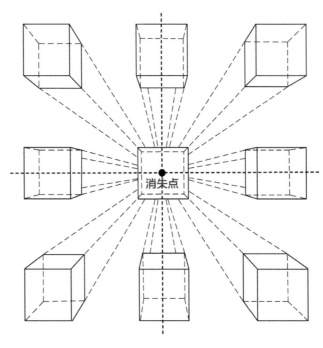

图2-10 平行透视示意图

成角透视

指立方体有一组垂直的线与画面平行，而其他两组线与画面形成一定的角度，并且有两个消失点的透视叫成角透视，又称为二点透视，如图2-11。成角透视画面纵深感虽不如平行透视强烈，但动感较强，易有生动活泼之感。

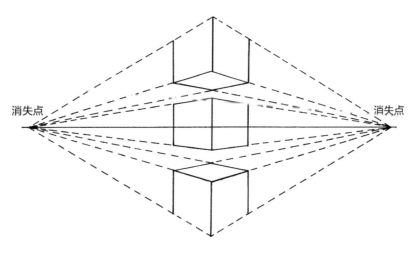

图2-11　成角透视示意图

倾斜透视

指立方体的三组线条都与画面形成一定的角度，且这三组线与画面形成了三个消失点，因此又被称为三点透视，如图2-12。倾斜透视往往用于表现仰视或者俯视的视角，画面易产生较强烈的动感。

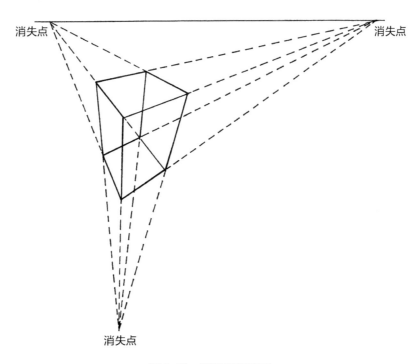

图2-12　倾斜透视示意图

作品案例分析

如图 2-13，作者摒弃外在的光影、明暗因素的干扰，用结构素描的手法通过线条的浓淡、粗细、轻重、虚实以及线条间的穿插进行分析、表达物体对象的形体结构和构造原理。作品适当保留了辅助线条以便于在画面空间中进行定位，帮助推导内在的、看不见的结构。

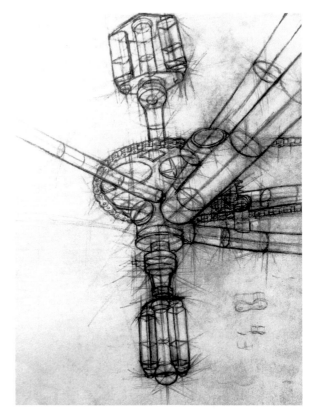

图 2-13　自行车（作者：徐前程 / 指导：宋珊琳）

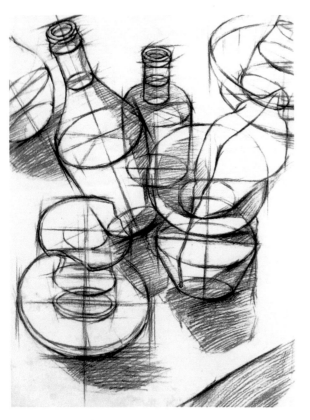

如图 2-14，作者不仅研究个体形态的结构关系，更是把多个物象形态及所处的环境作为一个整体空间进行观察、思考与表达。分析和理解形态与空间的关系，包括物体自身以及物体与物体之间的比例、主次、方位等空间要素。通过个体形态之间的相互关系研究来认知与表达物象的空间形态，建立有序的空间秩序。

图 2-14　瓶罐（作者：李聃涵 / 指导：宋珊琳）

教学示例

    充分认知和理解形态的外部特征和内在结构，并运用形态的组合规律和透视原理，解析形态的结构以及形态间组合的空间关系，建立"体"的概念。注意体与体之间的穿插、转折等关系的生成，并用结构线进行表现。用线条来探索形态的空间关系也是本次实践的一大重点（图2-15～图2-18）。

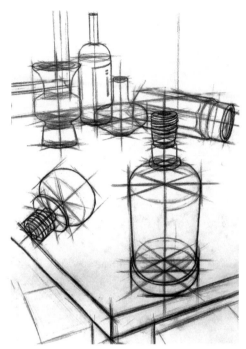

图2-15 静物1（作者：睢晗瑞/指导：宋珊琳）   图2-16 静物2（作者：姜丽娜/指导：宋珊琳）

图2-17 静物3（作者：倪佳红/指导：宋珊琳）   图2-18 静物4（作者：李晓燕/指导：宋珊琳）

2.2 形态与空间

导论

任何客观物体都存在于一定的空间中，且占有一定的空间位置，任何物体都不能脱离空间而单独存在。

我们一般把空间分为实空间和虚空间。通常，真实地存在于三维空间中的立体形态，我们把它认为是实空间。而围绕在立体形态周围的虚无的空间形态，称之为虚空间。实空间和虚空间，相辅相成，互为一个整体空间。在以往的训练中我们总是把观察和表现的焦点放在客观对象的本身，而较少去关注物象与物象之间的虚空间，以及物象与背景组成的整体空间关系。我们可以尝试着去改变常态下观物的方式，把视线转向于虚空间，关注虚空间和实空间的关系，关注虚空间与整体空间的关系。

除此之外，我们亦可以通过线条、明暗来探索形态与空间的关系。线条的粗细、浓淡、虚实能产生空间的进深感；不同颜色、不同质感的物体经由光线的照射会产生丰富的明暗变化，并通过黑、白、灰来概括形体的明暗关系，尝试着对画面的明暗做主观的布局，探索明暗的配置对画面的影响。

课题实践 1　生活中的负形之美

课题描述：

以植物或者常见的用品作为观察的对象，凭借自己的直觉，从负形处入手，进行写生练习，训练对"负形"的敏感度。要求在画"负形"时，不忘关注与"正形"的关系。可以放松对物象形态的描述，摆脱对正形的依赖，即由"负形"入手，成就"正形"。

训练目的：

通过课题实践，理解正形和负形的关系。探寻负形与正形的比例和形式美感，学会通过从负形的视角建立整体的空间观念。转换观察视角，建立多维的观察和分析空间的能力，培养学生对形态敏锐的感知能力。

课题要求：

（1）改变我们常规的观物方式，尝试着去关注物象与物象之间形成的形态。

（2）不去画正形本身，而是着手于负形的描绘，从而创造正形。

（3）可尝试用不同的工具表现，不用拘泥于对形态的精准描绘，而是关注于形态与形态、形态与空间的关系。

表现方式：

绘画

作业尺寸：

15 厘米 ×15 厘米或 16 开

知识点

正形和负形

三维的空间反映在画面中，其实是利用视错觉在二维平面上制造三维的假象。在二维画面中，通常我们把能被积极关注到的，易于识别的形状称为正形，而除了正形之外的画面空间称之为负形。正形和负形共同构筑了一个画面空间，正形和负形不能独立存在。当然，正形和负形是相对而言的。当我们把"负形"视作画面关注的主要对象时，负形即为正形，而之前的正形也随之变成了负形（图 2-19）。

正形与负形的关系我们也称为"图"与"底"的关系。"图"与"底"可以相互转换。

图 2-19 蓝色的裸体女人（作者：法国 亨利·马蒂斯）

　　"以虚生实，虚实相生"是中国传统绘画中重要的空间观。虚空间在中国传统绘画中表现为"留白"，是画面造型和画面意境表达的重要手段（图2-20）。

图2-20　溪山行旅图（作者：北宋　范宽）

图2-21　静物（作者：意大利　乔治·莫兰迪）

图2-22　静物（作者：意大利　乔治·莫兰迪）

　　莫兰迪的静物作品时常通过对轮廓线的处理，重新构建静物的比例、组合关系，追求画面中负形的完美，致力于探寻正形与负形的形式之美。在他眼中的负形和正形同等重要。甚至有意弱化了作为实空间的静物的三维性，使之具有平面感。柔和了图与底的对比关系，使图和底达到了微妙的平衡，增添了画面含蓄、质朴的意境美。莫兰迪巧妙地驾驭了作品中图与底的空间关系（图2-21、图2-22）。

保罗·塞尚晚年时期的《圣维克多山》组画是被画家赋予了"人格"的杰作。画家分解了作为实空间的平原、树木、房屋的形状，而把景物与景物之间的虚空间作为实在的体积和形状进行表达。

绘制于 1904 年至 1906 年的《圣维克多山》更是这系列组画中的代表。在画中，物体的外形变得更加支离破碎，正形和负形也已变得模糊。色块、笔触、线条等抽象元素，似乎脱离于物象本身，形成有别于物象之外的新的视觉特征。这恰是塞尚绘画艺术的精髓体现（图 2-23、图 2-24）。

图 2-23 圣维克多山（作者：法国 保罗·塞尚）

图 2-24 圣维克多山（作者：法国 保罗·塞尚）

教学示例

　　换一种视角去发现、观察和表现形体。把视线转向于实体形态与空间所形成的负形态，在画面中表现为负形。如图2-25，作者把作为背景处的负形进行描绘，注重背景处的形态和纹理处理，与正形相得益彰。图2-26，作者考虑了从负形处入手对画面进行整体布局，注意负形大小的分布，且和正形的点线、面积形成了有意思的对比。在探索正形和负形时，不必太纠结于局部细节的描绘，而是从整体空间的角度去认知和理解正形和负形的关系，培养对形的敏感（图2-27、图2-28）。

图2-25　植物1（作者：王姣 / 指导：宋珊琳）

图2-26　植物2（作者：何锦情 / 指导：宋珊琳）

图2-27　植物3（作者：吴一 / 指导：宋珊琳）

图2-28　植物4（作者：房渝皓 / 指导：宋珊琳）

课题实践2　黑白灰的表现

课题描述：

首先，以室内、窗外的一角为对象，较为概括地处理对象的形体。并去除物象形体复杂的色彩、明暗关系，只用黑白灰三个明度色阶进行表现，亦可只用黑白两色。其次，探索同色阶可能形成的形态，并对画面做主观性的明暗布局与配置，从黑白灰关系的视角研究形态在空间的位置、排列与组合的关系。

训练目的：

首先，通过课程实践，学会用黑、白、灰来概括和组织物象形态。其次，通过对形态明暗黑、白、灰的概括，提高对形态的整合和归纳的能力。理解黑、白、灰的画面构成对空间布局的意义，培养对空间的感知和把握能力。学会对画面的明暗做合理的主观配置，培养学生主动构筑画面空间的能力。

课题要求：

（1）将对象丰富的色彩关系和明暗调子概括为黑、白、灰三个色阶。

（2）拉开黑、白、灰三个色阶，不要有过多的过渡灰色。

（3）基于黑、白、灰三个色阶，对形态及其连接的形态做一定的提炼和概括。

（4）用明度因素黑、白、灰来探索画面空间的布局。

（5）注意画面黑白灰关系的对比。

表现方式：

绘画

作业尺寸：

8开或4开

课程练习中要求学生不能全盘仿造物象的光影明暗，而是把对象中复杂的明暗色调进行提炼、概括。去除过多的中间色调，把画面中的所有图形概括成黑、白、灰三色图形。从抽象的黑、白、灰视角入手研究形态在空间的位置、大小、排列、组合。

以客观物象为对象，以线的形式画好造型的稿子，较为概括地处理对象的形体特征，舍弃一些细节的处理，并用黑、白、灰进行表达，探索明暗关系的构成。在这里，要求摆脱对客观物象明暗的如实复制。可以把对象的暗部、投影、颜色较暗的固有色处理成黑色；把明暗丰富、变化微妙的中间色概括为灰色（不超过2种明度值的灰色）；而把受光部、较浅的固有色以及留白用白色进行表达。根据画面的需要，对画面中的明度关系进行适当地增强或减弱。通过对客观物象黑白灰的概括，研究画面图形的归纳与整合。体会黑、白、灰的形式意味。并要注意处理黑、白、灰三色在画面中的面积与比例关系，考虑黑白灰关系的对比与协调，注意画面气氛的营造。

知识点

明暗

明暗是用来处理形态与空间的一种方式。在光影和固有色的共同影响下，物体由于吸收光线强弱不同，因而会产生不同的明度值。物体受光后可以分为受光和背光两大部分。在全因素素描中我们通常把明暗具体分为：亮部、中间色、明暗交界线、反光、投影五大面。在造型艺术中明暗是表现画面空间的元素之一（图2-29）。

图2-29 休憩中的模特儿（作者：美国 埃尔默·比有夫）

图2-30 无题（作者：美国 理查德·迪本科恩）

黑、白、灰

黑、白、灰即调子，是把丰富的明暗调子进行主观性概括化地处理，形成画面中三个不同明度的色块等级，从而构筑画面的空间关系（图2-30）。

画面中的黑、白、灰，可以使画面产生不同的明度对比，使观者产生不同的视觉感受。如，以黑色为主的画面：画面明度较低，往往会使观者产生压抑、沉重的心理；以白色为主的画面：画面明度较高，往往会传达出轻松、明快的视觉感受；以灰色为主的画面，视觉感受稳重、柔和。在一个画面中，如果暗色和亮色面积相当，会产生强烈的对比，视觉震撼力强；反之，则会有安静的视觉感受。

作品案例分析

如图 2-31，作者用黑、白、灰把多个形态的明暗关系，进行主观化地配置，以表现形态的结构、形态与整体空间的关系，画面形体概括简洁，黑、白、灰层次清晰，较好地利用了黑白灰的关系对画面进行主观布局。

教学示例

课程练习中要求概括化地处理画面中的明暗关系，并尝试着把画面空间进行主观化的黑、白、灰配置。如图 2-32，把地面的地砖作为黑灰色处理，扫帚概括为深灰色，地砖的拼接处则用白色表现。把画面物象与空间作为一个整体的平面进行表现，注重画面黑、白、

图 2-31 书桌（作者：王书恺 / 指导：薛朝晖）

图 2-32 扫帚（作者：李晨琛 / 指导：薛朝晖）

图 2-33 三杯奶茶（作者：李晨琛 / 指导：薛朝晖）

灰的面积分布，画面的构图也颇有新意。图 2-33 形态造型简洁，画面整体黑白灰关系明确，凝练的视觉语言又不失丰富性。对画面黑、白、灰关系的探索也可以理解为是对形态在空间的位置以及排列组合关系的研究（图 2-34～图 2-38 ）。

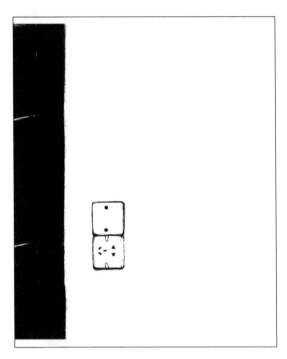

图 2-34　开关（作者：孙紫薇 / 指导：薛朝晖）

图 2-35　窗前一角（作者：陈立坚 / 指导：薛朝晖）

图 2-36　化妆品（作者：王伊凡 / 指导：薛朝晖、宋珊琳）

图 2-37　大书桌（作者：吴志坤 / 指导：薛朝晖）

图 2-38　教室一角（作者：王倩倩 / 指导：薛朝晖、宋珊琳）

2.3 形态与质感

导论

　　质感，是物体材质的外在表现。物象形态不仅仅具有形体结构，还反映其材质属性。由于物体的组织、排列和构造的不同，在光源的影响下，物体表面的材质对光的吸收、反射存在着差异性。因此，不同的材质会形成或光滑或粗糙或柔软或坚硬等不同的质感。例如，玻璃的质感、木头的质感、绸缎的质感、铁皮的质感……都不尽相同。不同的材料有其自身特有的质感。

　　对质感的认知与研究，有利于我们提高对物象的感知能力。以绘画的形式来还原物体的质感，可以让我们分析不同材质的特点，体验不同质感形成的内在动因，探索不同质感的表现技巧，从而提高对不同质感特点的认知与理解。

课题实践　不同质感的表达

课题描述：

　　在写生练习中，注意观察不同物体的材质所体现出的不同质感。可以通过观看、触摸来体验对象的质感，并将观察与描绘相结合，探索不同质感的表现技巧，以明暗的手法进行质感表达。

训练目的：

　　通过对质感的写实性描述，体会不同材质所体现出来的不同的视觉特征，熟悉常见材质的质感特点。探索不同质感的表现技巧，提高对形态质感的感知能力以及写实的造型能力，为创作和设计奠定一定的基础。

课题要求：

　　（1）仔细观察对象，体会不同物象所体现出来的不同的材质特征。

　　（2）造型准确，素描关系正确。对光线作用下物象的质感做深入的研究，对物象进行精细描绘，细腻、生动地表现物象的质感。

（3）可利用不同的绘画工具以及明暗调子、纹理和线条等造型要素探索不同质感的表现技巧。

表现方式：

明暗素描

作业尺寸：

4 开或 8 开

知识点

明暗素描

明暗素描是素描的一种，是以明暗色调为主要表现手段的素描形式。光影在物体上会产生丰富的明暗层次，明暗是表现立体感、空间感和质感的有利因素。明暗现象的产生，是物体受到光线照射的结果，是客观存在的物理现象，光线不能改变物体的形体结构。表现一个物体的明暗调子，正确处理其色调关系，首先就要对对象的形体结构有正确的、深刻的理解和认识。物体的明暗关系是基于结构基础之上的。明暗素描适宜于表现光线照射下的物象的形体、物象的质感和物象的明暗色度以及物象的空间感（图 2-39）。

图 2-39　书和电脑（作者：佚名 / 指导：姜法彪）

素描质感表现小技巧

釉陶和陶瓷制品的质感表现

　　釉陶和陶瓷制品表面光滑，质地坚硬，对光的反射比较强。开始宜选用较软的铅笔进行铺色和塑造。再用较硬的铅笔进行仔细刻画，线条密而硬，以表现其坚硬的质地。釉陶和陶瓷制品的质感特别需要重视高光的表现。处理高光时，要仔细观察和描绘高光的位置和形状。处理反光时，不仅要注意反光的形状，而且要合理安排好暗部的明度层次，不然反光过度，会使物品显得"碎、花"，不利于素描的整体性呈现（图2-40）。

图2-40　花瓶和水果

金属质感的表现

　　金属物品是经过人工铸造而成的，尤其是经过抛光的金属物品对光有很强的反射力。无论是亮部还是暗部都会出现高光。光洁度较高的金属物还会将周围物品的形状映射到表面上。如果是平面的金属物，经映射的形状变化不大。但如果是有弧度的金属物，经映射的形状往往会发生变形。金属物的弧度越大，越容易映射周围物品的形状。金属物品给人以冰冷坚硬的感觉，因此，在表现金属物品时宜选用质地较硬的铅笔，线条细腻、硬朗，明暗层次清晰，对比强烈。如，不锈钢是生活中常用的金属物，在表达不锈钢的质感时，要注意体现不锈钢制品的明暗交界处与高光的过渡很快、暗部与明暗交界线对比强烈的特点。当然在质感表现时，也并非是将金属制品的高光依照物象的高光一一描绘下来，而是有选择性地进行表现，可以舍弃不利于整体素描关系的高光，并对物象中的高光和反光做一个排列梳理。如，哪个位置的高光是最为强烈的，哪个是其次……这样利于整体地表现画面的明暗效果（图2-41）。

图 2-41　不锈钢器皿

玻璃质感的表现

　　玻璃器皿通常分为无色的玻璃和有色的玻璃。它们的反光性非常强烈，在光线下，往往有好几处高光。透光性也是无色玻璃的一大特点，通常可以透过玻璃器皿看到其后面的物体和背景，也可以透过玻璃器皿看到其内部的结构。在处理玻璃器皿时，可以先画其他物体和背景，再用橡皮擦出玻璃器皿边缘的高光和反光。擦拭时特别要注意边缘处高光和反光的变化，这对玻璃质感的表现尤为重要（图 2-42）。

图 2-42　水晶玻璃（作者：西班牙　劳迪奥·布雷沃）

皮革质感的表现

皮革制品也是生活中常见的物品，皮衣、皮鞋、皮包、皮箱……皮革制品具有一定的纹理和光泽度。在素描调子表现时宜把明暗过渡处理得柔和，对比不要过于强烈。一般选用较软质地的铅笔进行描绘，表现其舒适厚实的质地。皮革制品的高光不像金属和玻璃制品那般强烈，高光的形状会随着转折处的形体而呈现出不同的形状。如，旧皮鞋褶子处高光的形状。因此，在写生时要特别注意仔细观察转折处的形体和高光。皮革制品通常都会有接缝，接缝处要精细描绘，以表现其微妙的厚度。但是接缝处的处理仍要服从整体的素描关系，不然会显得过于琐碎（图2-43）。

图2-43 靴子

布的质感表现

布的种类非常多。有厚的，有薄的，有纹理粗糙的也有细腻光滑的。通常情况下，布对光的吸收较好，因此反光不太强烈，除了质地特别细腻的珠光质地的布料反光会相对强一些。布的质地较为柔软，因此在表现布的时候明暗层次应该丰富、细腻。布纹的表现是一大难点。首先要对整块布的明暗关系进行铺色，切记盯着局部的布纹去描绘。要特别注意布纹的结构关系和因转折而产生的明暗虚实变化，不然布纹会显得生硬而单薄。这也是表现布料质地的厚薄、粗细的关键所在。通常表现呢料等较为厚实的布料选用质地软的铅笔进行表现，线条疏松。而的确良质地等薄的布料可选用软硬度一般的铅笔描绘，最后再加一些较硬的铅笔线条，以表现薄的质地（图2-44）。

图2-44 布纹

纸的质感表现

    纸张的种类也非常多，有厚薄、软硬之分。普通纸张在处理时整体色调不宜太黑，除了牛皮纸和有色纸之外，要注意和其他静物在明度上的区别。纸张质感宜选用质地较硬的铅笔表现。褶皱是表现纸张质感的关键。褶皱应顺应整张纸的明暗关系，然后画出微妙的折痕。折痕可比布纹描绘得硬朗一些。若表现的对象是报纸，处理报纸上的文字也有一定的技巧。字的整体色调比纸的底色略深。字要成片处理，只在近处描绘具体的字。并且要根据报纸的明暗、褶皱的转折关系来描绘。字的远近、虚实关系能大大提高报纸的质感（图2-45）。

图2-45 报纸上的静物

作品案例分析

如图 2-46，此幅作品分别表现了釉陶、玻璃和皮箱的质感。作者注重高光和反光的形状，用以表达釉陶质感光亮平滑，反射、映射能力强的特点。对于高脚酒杯的表现，作者抓住了玻璃质感高透光性的特质。透过酒杯，露出了后面静物和酒杯内部的结构，并注意高光的变化。

此组静物中皮箱的表现也是一大重点。特别是铁艺锁扣质感的表现，作者通过仔细刻画锁扣上细微的高光形状的变化，恰到好处地把铁艺薄片的厚度体现了出来，成功地表达了锁扣的质感。此外，对于皮箱上花纹的刻画也是细致而又不失整体感。

图 2-46 放在皮箱上的器皿

如图 2-47，此组对象不同的质感混杂。有柔软的衬布、有坚硬的陶瓷器皿和光亮的不锈钢汤勺，还有新鲜、硬脆的苹果……

当面对多个不同质感的物体进行写生时，首先要建立整体的素描关系。包括形体的准确、素描大关系的把握，这是能成功表现质感的前提。光影明暗、质感都要依附于形体，切忌只流于质感技巧的表现。

竹篮质感的表现是这组静物写生的一大难点。在写生时，首先要把竹篮当作一个球体进行理解和塑造，然后把重点放在灰部编纹的描绘上，暗部略有一点纹理即可，切忌过多。竹制品不宜用较软质地的铅笔表现。

图 2-47 桌布上的竹篮和水果

教学示例

体会不同质感的物象特征。在表现质感时特别要重视物象高光、反光处的处理，这是直接反映形态质感的重点。高光、反光处的形状不得放松，打形时预留出高光的位置，即使反光也是有形状的，结合暗部的虚实处理，才会通透而富有质感。（图 2-48 ~ 图 2-52）。

图 2-48 苹果和山楂

教学示例

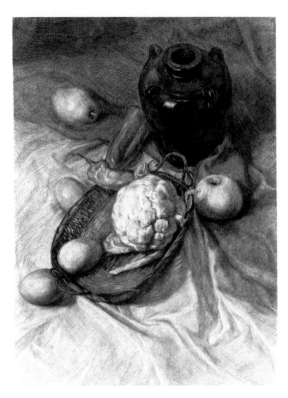

图 2-49　陶罐和蔬菜

图 2-50　案板一角

图 2-51　有鱼的静物

图 2-52　花

图 2-53 木箱和陶器

作品点评：

如图 2-53，作品的亮点是在不起眼的老旧木箱上。首先，作者通过木箱形体转折处高光的细微变化以及箱子开合处缝隙的刻画把木质箱子的质感生动地表现了出来。其次，箱子上的铁质锁扣更是为木箱添彩。作者不仅成功表现了锁扣的铁艺质感，更是把铁皮锁扣的厚度也真实地表达出来。

作品点评：

如图 2-54，作者采用了高俯视的视角来观察和描绘静物。将上了釉的砂锅盖和不上釉的锅体做不同的描绘，生动地还原了砂锅的质感样貌。布纹处理细腻，近景处的水果也都体现了各自不同的表皮质感。

图 2-54 有砂锅的静物

作品点评:

如图 2-55,箱子的皮质感和萨克斯乐器的金属质感形成了鲜明的对比。乐器上的高光表现了金属光滑、细腻而又冰冷的视觉感受。皮箱、乐器的深色调与白桌布也形成了鲜明对比。整体视觉冲击力强,且细节描绘细腻、真实。

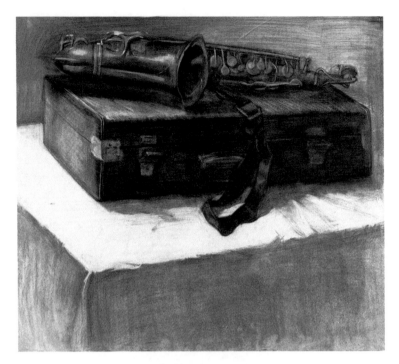

图 2-55　皮箱和萨克斯

图 2-56　书

作品点评:

如图 2-56,对书本、纸张的质感描绘是这组静物的重点。远景处翻开的书本,近景处微微扬起的封面翻口体现了书本不同的纸张质感。纸面上的高光刻画表现出了远景处是一本纸张光滑且略有厚度的画册。

图 2-57　早餐

作品点评：

如图 2-57，作者用松软的笔触表现了软糯的稀饭、煮得软软的青菜和包子。与塑料质感的托盘和筷子形成了鲜明的对比。菜梗和菜叶的描绘表现出了青菜煮熟了的特征。对食物的精微描绘，还原了食物的样貌和质感。

作品点评：

如图 2-58，陶罐质地坚硬的特点和花菜松软的特点形成了鲜明的对比。由于是深色陶罐，作者先用软的铅笔铺色，最后换用硬的铅笔在亮部排线，这样的画法不但不会使反复排列的硬质笔痕产生"腻"的感觉，反而把陶罐坚硬的质地表现了出来。

图 2-58　有花菜的静物

作品点评:

如图 2-59,玻璃器皿和水都具有高透
光性的特点。作者把重点放在了杯壁的描绘
上,通过杯底对自身结构的映射表现了玻璃
的质感。作者生动地刻画了将干枣丢进玻璃
杯时水滴四溅的瞬间景象。干枣的皱褶和透
明的液体产生了鲜明的对比,视觉逼真而富
有感染力。

图 2-60 中的陶釉花瓶,通过细腻的描
绘,特别是深色上釉的表面对周围物体的映
射,以及高光的细致处理,成功地表达了陶
釉的质感。布纹通过虚实的处理,自然地体
现了布柔软的质感。果盘边缘处弧度的透视
和明暗变化,把握住了瓷盘的陶瓷特点。

图 2-59　玻璃水杯

图 2-60　陶釉花瓶和水果

图 2-61　画报纸和水果

作品点评：

如图 2-61，此作品表现的是在幽暗环境中的画报纸和水果。黑白灰关系对比微妙，因此比普通自然光环境下的写生更多了一些难度。这也对大关系的表现以及用明暗塑造形体提出了更高的要求。水果的塑造上，虽然亮部和暗部的对比不强烈，但通过明暗转折处丰富的虚实变化，成功地将水果脆爽、表皮光滑的特点表现了出来。画报纸比普通报纸反光能力强，作者对纸团皱褶的处理和高光的细微刻画，表现了画报纸油亮亮的特点。

作品点评：

如图 2-62，面对多个质感不同的物象时，首先要分析不同物象的质感特点。在素描整体关系合理的基础上对质感进行深入刻画。此画面最大的亮点在于把柔软质感的床品和不锈钢质感的托盘生动地表现了出来。

图 2-62　下午茶

作品点评：

　　图 2-63 中作者用松软的线条来表现木质的椅子，特别是在椅背木条面与面之间的转折处进行了重点刻画，通过形体转折线的虚实处理、高光的微妙变化和裂缝的描绘，生动地表现了这是一张老旧的木椅子。此外，玻璃、树叶以及布的质感表达也是真实而自如的。

图 2-63　木椅上的绿色植物

2.4 媒材与语言

导论

随着当代艺术观念的拓展，人们对造型艺术提出了更高的视觉要求，材料在艺术与设计中也占有越来越重要的地位。材料媒介作为具象物质有其自身的形状、肌理、色彩的特质，充分利用材料的特性以及媒材语言进行设计和创作，不仅有利于展现造型的魅力，更是表达作者艺术思维和情感的媒介。材料在现代艺术与设计中的使用，使造型艺术的表现形式从单一走向多元，从而拓展了造型艺术的语言。材料本身特有的物质属性和语言，或是作为媒介，或是作为表现物，抑或是作为符号语言，都是造型艺术重要的表现手段。

在以往的造型训练中，我们往往会局限于一些常规的、传统的工具使用，作品呈现的艺术风格也较为单一。在本次课程中鼓励开发和使用一些非常规的工具和材料，探索媒材语言在造型艺术中的表达和应用。通过对材料、工具的感知，开启我们的创造性思维，以材料为媒介，个性化地表达艺术与情感，以适应当今艺术与设计发展的要求。

20世纪中西艺术合璧的探索者林风眠先生主张中西艺术的调和，将中国的传统笔墨与西方的艺术相结合，创作了一大批优秀的艺术作品。如

图2-64，作品《仕女》，林先生把仕女形象进行夸张变形，用中国画的墨线勾勒仕女和花瓶的轮廓，用西洋画的颜料进行着色，淋漓的墨色和色彩相得益彰。他将中国画的毛笔、墨汁、宣纸等工具材料与西洋画的颜料、板刷等工具材料结合在一起。因此，他的作品兼具了东西方艺术的特质。

图2-64 仕女（作者：林风眠）

工具材料除了具有其特有的物质属性之外，还具有心理和情感暗示的特点，因此造型艺术中工具材料的使用终其是挖掘材料所蕴含的精神属性，表达造型艺术中的精神世界。

安塞尔姆·基弗是德国伟大的新表现主义画家。他的艺术作品中大量运用了油彩、钢铁、铅、灰烬、感光乳剂、石头、照片、木刻画、稻草、柏油等综合材料。如图2-65是他的作品《马奇西斯》。由于战争，原本富饶美丽的马奇西斯变得满目疮痍，作品用大量的材料肌理表现了一大片荒芜贫瘠的土地，极具视觉震撼力。材料的运用使他的作品带有隐喻性的色彩，表现了战争带给人类的伤痛，增加了历史的厚重感，意在唤起人们对战争的反思。作品《玛格丽特》（图2-66）是基弗的另一力作。玛格丽特是雅利安人女性的象征，作者用稻草、胶水等材质表现了玛格丽特的金色头发。基弗的新表现主义存在于模糊与清晰、具象与抽象之间。他对材料的理解和应用，很值得我们去学习。

西班牙艺术大师塔皮埃斯在作品中利用沙子、泥土、矿石粉、水泥等日常材质，采用虚实、厚薄的对比，留下涂鸦式的肌理与刮痕，表达某种神秘的意境。他认为艺术作品的感染力并不完全是材料所致，而是取决于材料所承载的艺术家的精神（图2-67）。

图2-65 马奇西斯（作者：德国 安塞尔姆·基弗）

图2-66 玛格丽特（作者：德国 安塞尔姆·基弗）

图2-67 黑板上的灰色浮雕（作者：西班牙 安东尼·塔皮埃斯）

课题实践　城市寻踪

课题描述：

用自己独特的视角采集、记录这座城市中的视觉元素。发现、感受城市的人文点滴和生活细节。注重个人对视觉形态的感受并运用合适的媒材进行表达。

训练目的：

通过课题训练，了解工具材料、肌理的特点及其美感。学会利用不同的媒材和语言对造型艺术进行个性化地表达。通过材料体现创作设计的思想，提高综合材料在创作中的运用能力。培养独特的思维方式和个性化的艺术表现能力。

课题要求：

（1）了解工具材料、肌理的特点，以及在现代艺术和设计中的运用。

（2）用自己独特的视角采集关于这座城市"有意思"的视觉元素。

（3）尝试探索一些非常规的工具在造型艺术中的应用与表现。

（4）注意作品思想性以及个性化风格语言的表达。

表现方式：

鼓励用不同的工具、材料以及非常规工具作画。

作业尺寸：

15 厘米 ×15 厘米

创作说明：

对创作进行简单的文字说明。

知识点

肌理

肌理是指客观物质的表面纹理。不同的物质材料因为表面的组织、排列和构造不同，因而会产生粗糙、光滑、坚硬和柔软等不同的肌理。任何物质材料都有其自身肌理存在的形式。肌理可以分为自然肌理和人造肌理。从感官上又可以分为视觉肌理和触觉肌理两大类。视觉肌理是指眼睛能直接观察到的物象肌理。触觉肌理是指通过触碰所感受到的物象肌理。无论是视觉肌理还是触觉肌理都是人对物质表面质感的心理感受。

用材料作画是造型基础中一个重要的技术表达手段。本次课程，我们主要来探索工具材料的使用对画面的影响。材料本身就是一种表达的媒介，不同的材料会在作品中留有不同的肌理效果。综合材料的运用大大丰富了画面的形式语言，突破了以往较为单一的艺术语言，增加了画面的视觉冲击力和表现力。理解和把握材料的特性，合理利用这些"痕迹"的语义和特性，为我们的造型表达所使用。

  除了传统工具、媒材的使用，我们还可以自行开发一些非常规的媒材。例如，用铁丝、布条、纸团……蘸上墨汁或颜料作画，抑或是通过拓、印、撒、喷、烧、刮、擦、刻、拼贴、堆积、挤压、褶皱等手段。不同工具、材料的使用会使画面留下丰富多彩的"痕迹"，即肌理（图2-68）。

  当然媒材的使用并不是为了表现而表现，而是要根据表达的对象进行选择，特别是综合材料在同一画面运用时，更是要考虑到不同材料所呈现的视觉效果是否和谐。因此，熟悉不同媒材所产生的肌理特征，合理组织和使用媒材和肌理，终其还是为了丰富、突出形态所呈现的视觉效果，体现主观情感态度，唤起人们的审美体验。材料的使用可以让作品风格更具多样性和表现性（图2-69～图2-71）。

图2-68 肌理1（作者：楼佳璐/指导：宋珊琳）

图2-69 肌理2（作者：董静怡/指导：宋珊琳）

图2-70 肌理3（作者：董静怡/指导：宋珊琳）

图2-71 石块（作者：楼佳璐/指导：宋珊琳）

作品案例分析

如图 2-72，作者在采集关于这座城市的视觉元素时，首先对关于"拆迁"的主题产生了浓厚的兴趣。斑驳歪斜的窗户、掉了漆的门、烟雨中的砖瓦……都成了作者观察和表现的对象。其次，在确定好整个作品的感情基调后，尝试了用综合材料进行探索表达。如，选用宣纸和毛笔表现烟雨中的瓦砾。斑驳的墙门，则是把厚涂的水粉颜料刮掉部分后的效果……诸如此类。在实验性的探索过程中体会到了多种媒材语言的特性，对材料的探索也大大开拓了作品的表现力。

创作说明：

这个城市很多地方在拆迁。也拆去了童年的记忆：破旧的屋顶，掉漆的门窗，满天的电线上晒着的衣服……取而代之的是高耸入云的大楼。抬头再也看不见凌乱的电线，也难以看见过去湛蓝的天空。回望过去，静观当下，时间在前行，城市在进步，而记忆便是永恒。

图 2-72 拆（作者：朱淑婷 / 指导：宋珊琳）

教学示例

图2-73　老物件儿（作者：岑盼南／指导：宋珊琳）

创作说明：

在外婆家的小阁楼里偶然发现了几件老物件儿，记忆的闸门也随之打开。快过年的小巷里，女人们忙着洗洗刷刷，家里的灶头上冒着热气……空气里弥漫着肥皂水味儿和炖肉的香味儿……"磨剪刀，戗洋刀嘞……"磨剪子的手艺人悠扬的吆喝声和小孩子们追逐打闹的嬉笑声荡漾在冬日午后的巷子里……（图2-73）。

创作说明：

烟雨中的江南城市，似乎多了一分水墨画的味道。厚重的木门，渗水的墙壁、铺着油毡的屋顶都是采集到的视觉元素。尝试着用了多种手法去表现这扇厚重的木门，最终吹塑纸印压的视觉效果是我想要的，并采用了厚涂和刮的手法表现屋瓦。我眼中的这座江南城市，有着典雅和温婉的韵味（图2-74）。

图2-74 江南烟雨（作者：骆燕/指导：宋珊琳）

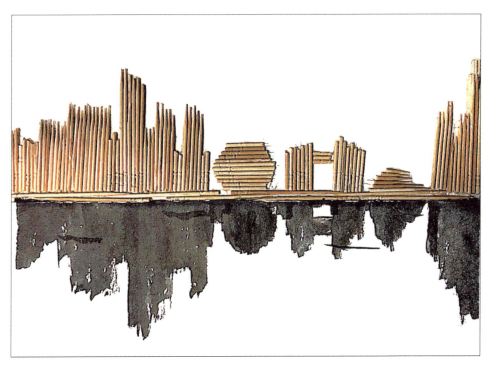

图2-75 天际线（作者：岑佳枫/指导：薛朝晖、宋珊琳）

创作说明：

用长短不一的牙签勾勒了这座城市的天际线。微波荡漾的水面又倒映出了建筑的轮廓。坚硬的牙签和湿软的笔墨形成了对比。把不同的材料工具应用在一个画面中，探索了材料的魅力与实验的乐趣（图2-75）。

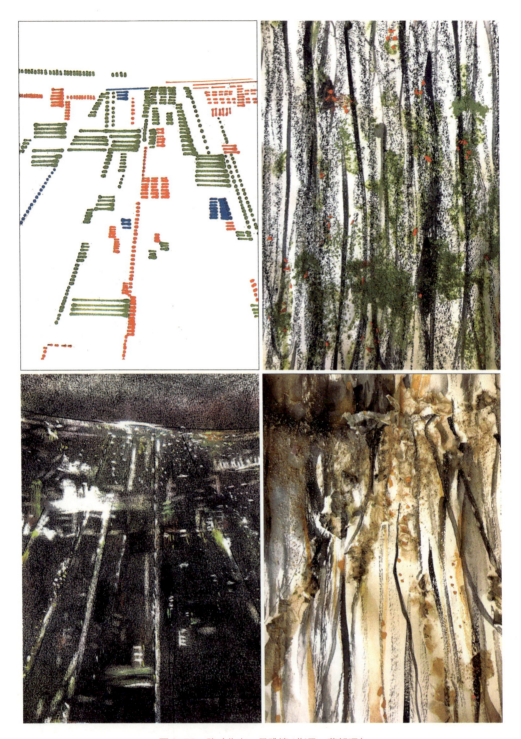

图 2-76　路（作者：吕雅情 / 指导：薛朝晖）

创作说明：

　　这个城市的晚高峰时期，路面拥堵而又湿滑。用棉签蘸颜料后产生的肌理、笔刷加柳炭在画面留下的痕迹、印压留白等手法来表现在这座城市中劳累了一天后的人们归家心切的心理（图 2-76）。

图 2-77　电线（作者：倪佳红／指导：薛朝晖）

创作说明：

　　偶然走进了一个破落的楼道。墙面上凌乱的电线和插座让人难忘，细看那些插座和电线，倒是颇有一番构成的形式美感。男人们在赤膊聊天，女人们在烧饭洗衣。凌乱的电线、插座和这市井味儿也甚相配。用了笔刷、不同颜色的缝衣线、塑料管等不同材质进行拼贴表现（图 2-77）。

创作说明：

秋日的午后，阳光慵懒地撒在院子里，晾在墙面上的草絮在墙面上留下了绰绰的影子。秋风微醺，那些影子也仿佛跟着跳起了舞蹈。这一刻，看谜了眼，挪不了步，只想把这闲适、惬意的一刻留住。用毛笔皴擦以及材料拼贴的手法进行表现（图2-78）。

图 2-78　秋日午后（作者：董静怡 / 指导：宋珊琳）

图 2-79　楼宇（作者：姜丽娜 / 指导：薛朝晖）

图 2-80　电话亭（作者：汪思铭 / 指导：薛朝晖）

创作说明：

用回形针来表现这座城市高楼上的窗格，以表达生活在这座城市中的人们冰冷且又被束缚的心理。把红色用在部分建筑上，希望内心更阳光和朝气一些（图2-79）。

创作说明：

通过调查发现，这座城市有很多已经不常用到的磁卡电话亭。黑灰色的牙签模糊地勾勒了远景建筑，近景处的红色电话亭虽醒目却歪斜地矗立在街头，似乎多了一份落寞的味道（图2-80）。

图 2-81　荷（作者：李晓燕 / 指导：薛朝晖）

创作说明：

初冬的西湖，阳光和煦，水光潋滟。残荷的茎秆和耷拉下来的荷叶同水光中的倒影像是组织成了一幅抽象画。用稻草、揉皱上色的纸巾和勾线笔等材料和工具综合表现初冬西湖的残荷风景。把拼贴稻草的"实"和淡色勾线笔勾画的"虚"形成了实景和虚影的对比（图 2-81）。

03

第 3 章　体验与创造

第3章　体验与创造

3.1　从自然形态到装饰造型

导论

　　"真正的艺术在于使自然形式理想化，而不是复制。"——欧文·琼斯·沃尔特。作为设计专业的造型基础课程不仅是对物象的描摹，更是通过观察自然、体验自然，内化感悟，进行艺术化地表达。设计的艺术更是在表现客观物象的基础上通过提炼、概括、夸张、添加等艺术手法对物象进行变形换色，使之从一个自然的形态变换到一个理想化的造型形态。借鉴装饰化的造型手法无疑是实现从绘画到设计转化的一种思维方式和表达技法。

　　在《辞源》中装饰解释为"装者，藏也，饰者，物既成加以文采也。"指的是对器物表面添加纹饰、色彩以达到美化的目的。在现代设计中装饰的内涵不断得到外延，广义上来讲是指对物象的修饰和美化。装饰化的造型则是指经由作者主观改造，融入情感，强调形式感、秩序感，理想化了的造型形态。

　　在装饰化的造型训练中，我们要求面对复杂的自然形态，解析其结构、概括黑白灰关系、合理运用点线面的造型语言来表达基于自然而又高于自然的装饰化了的客观物象（图3-1）。

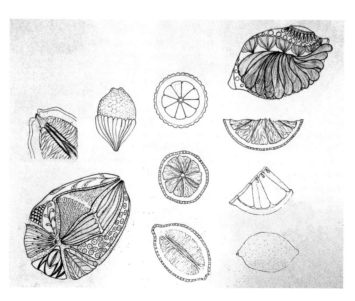

图 3-1　柠檬（作者：陈静/指导：宋珊琳）

课题实践 1 果蔬形态的分析与概括

课题描述：

自行准备一个蔬菜或水果，观察其外在的形态和各部分的结构，以及内在的基本单元形态，要求全方位多视角地观察，发现果蔬有意味的特点和形式，并进行概括和提炼（图 3-2）。

训练目的：

通过课题实践，了解果蔬的外形、色彩、纹理的特点，以及内在的排列、组合的构造原理，发现有意味的形式，并对果蔬的形态、形式进行提炼和概括。培养学生对物象细微观察和发现的能力，以及对形态的提炼和概括的能力。

课题要求：

（1）事先准备一个蔬菜或者水果，最好是选择表面肌理、内在结构都较为丰富的果蔬。

（2）面对各自不同的果蔬对象，建议多角度观看其外部及局部形态。

（3）对果蔬进行解剖，观察其内部的构造以及单元基础形态，并进行记录。

（4）摸一摸、闻一闻、尝一尝这个果蔬，并用文字记录感受。

（5）对以上记录下来的有意思的基础单元形态和形式进行分析研究，并进行概括和提炼。

表现方式：

绘画

作业尺寸：

15 厘米 ×15 厘米或 16 开

图 3-2 学生在观察和解析果蔬

知识点

概括和提炼

概括和提炼是指对客观对象进行"化繁为简"。省略其不美的、次要的视觉元素，"炼"出客观对象的形态特征，包括色彩的、肌理的特征，使得形态更为单纯、简洁。

对自然形态的提炼，提取其基本的形态元素及形式，再加以重组、整合，使其变成一个可用的设计元素。这个设计元素可以不直接地反映原生形态，但却能揭示原生形态最本质的特征和形式规律（图3-3）。

形态和形式

关于形态的概念，《辞海》中是这样定义形态的："所谓的形态，是指形象的形状与神态。"是通过外在的形状和内部结构形式，对观者心理所产生的效应。"态"是"形"派生出来的感知。

形态的种类和特征丰富、多样。按类型一般可以分为自然形态和人工形态。自然形态是指自然界中天然生成的，不是人为造就的形态。例如，大自然中的山石、树木、湖泊、海洋，以及动物、人物等形态我们都可以称为自然形态。来自大自然的形态是我们取之不尽、用之不竭的灵感源泉。如鲁班发明的锯，据说就是从偶然被带有锯齿状的植物叶子划伤后得到的启发。美国布鲁克林大桥的索绳连接原理来自于蜘蛛网的形态特点，如此多的例子举不胜举。而人工形态是人类为了满足生存、发展的需要，创造出来的形态。如建筑、机械、产品等形态都属于人工形态。

关于形式的概念，所谓"形式"，指各个部分、各个要素按照构筑要求进行编排、组合的方式。形式是可以感知的视知觉要素。

图3-3 生姜形态的解析（作者：陈媛媛/指导：宋珊琳）

作品案例分析

如图 3-4，此作品中作者不仅观察了青桔的外部形态，还把青桔剥了皮，观察内部的结构。甚至切开了桔瓣的内膜，观察桔粒的排列方式。原本习以为常的水果，在作者深度观察下成了表现的内容和题材。当作者把表现对象锁定后，概括了其基础单元形态——微小桔粒的外形特征，并根据桔粒的排列规律，创造性地设计出了新的造型形态。这样的形态既区别于原生形态，又与原生形态有着千丝万缕的联系，作者从形态排列的规律中萌生了图形的创作灵感。

时常会听到学生在专业设计课程中觉得自己缺乏设计的灵感。其实，我们通过观察和分析，发现了来自自然的形式。从生活中寻找灵感，对生活进行长期的观察和思考的累积，灵感也就不请自来了。

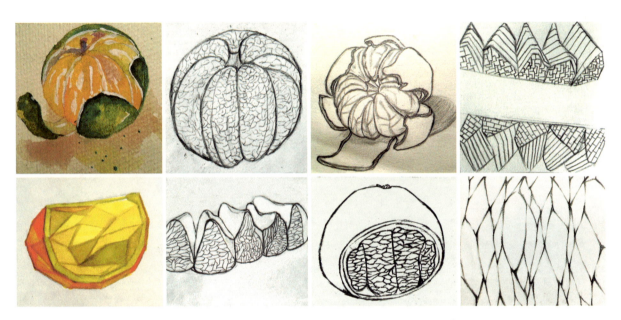

图 3-4 桔子形态的分析与概括（作者：黄黎理 / 指导：宋珊琳）

这次的课程实践，希望同学们重新审视我们曾经熟悉的对象。不仅是视觉层面的观看，还需要摸一摸、闻一闻、尝一尝，调动身体的各个感官去观察、体会这个对象，寻找一切可能发现的基础形态和视觉形式。例如，去看一看辣椒的籽是如何排列的，香蕉皮的内侧有何肌理，被环切后的灯笼椒的截面呈现的形态……诸如此类，这些都是我们换了一个视角去发现隐藏在普通形态中的视觉元素。

在寻找和发现的基础上，我们尝试着对果蔬的形态进行概括和提炼。概括和提炼的对象可以是果蔬的整体形态，也可以是局部的形态。在课程实践中，不仅是对客观对象做形态的概括和提炼，也可以是对其形式的概括和提炼。

莲藕的造型很富有特色。外部的形和内部的结构有着很大的区别。图3-5中，作者通过各个角度对莲藕的形态进行了观察，有整体的，也有局部的。不仅有关于外皮的纹理，也有其内部的构造。作者特别把内部的结构作为重点观察和分析的对象。环切莲藕后露出了一个一个的小孔，加上藕壁上的小点，来自自然的形式生动而有趣。换种切法来观察藕，不同的切法，观察到的形态也不一样。把莲藕竖着切开，作者观察到了莲藕内壁的纹理。这些观察的内容都可以成为设计创作的元素。

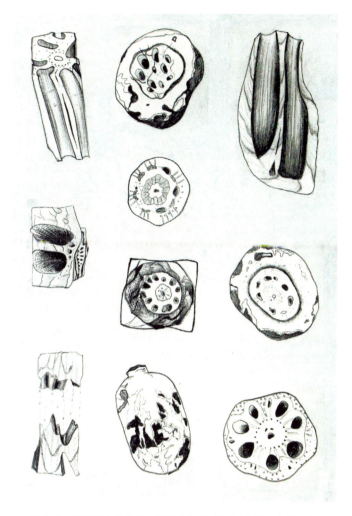

图3-5　莲藕形态的分析与概括（作者：陈静 / 指导：宋珊琳）

图3-6中，作者抓住了核桃外皮纵横交错的纹理和核桃表皮的颜色，进行了提炼和概括，并展开了适当的想象。经概括、提炼和创造的新造型，和原形既有区别也有联系。这张作业从形式上入手进行了处理与变化。

图3-6　核桃形态的分析与概括（作者：潘莉敏 / 指导：宋珊琳）

教学示例

图 3-7　西柚的形态分析（作者：满九江 / 指导：周燕）

作品点评：

图 3-7 中，作者仔细分析和描绘了剖开的西柚的截面形态，包括西柚皮的结构和西柚果瓣以及果粒的排列组合特征。此外，对另一半基于形态的形式特征也进行了适当的想象和变化处理。

作品点评：

图 3-8 中，作者在基于对果蔬形态的写实基础上，对果蔬的局部形态，如桔粒、香蕉皮的纹理进行了提炼，并将这种特点用几何的形状进行呈现。

图 3-8　多种水果形态分析（作者：范艳芳 / 指导：周燕）

图3-9 灯笼椒形态的分析与概括（作者：王淑瑶 / 指导：宋珊琳）

作品点评：

图3-9中，作者对灯笼椒的各个局部都进行了深入的观察和分析。环切后的灯笼椒外形呈梅花状，厚厚的内壁也像波浪线般起伏着。内壁还有着细细的像线状的纹理。最后把灯笼椒的籽和柄进行了结合，籽和内壁结合，设计生成新的形态。作者观察仔细，进行了大胆的尝试创新。

图 3-10　火龙果形态的分析与概括（作者：董静怡 / 指导：宋珊琳）

作品点评：

图 3-10 中，作者通过对火龙果的仔细描绘，体会其外皮的结构特点和镶嵌在果肉内的籽的排列形式，分别提取其基本形态，进行提炼和概括，生成新的造型形态。看似简单的造型其实是作者通过观察、分析变化而来的。因此对于设计造型的理解，并不能只看到一个最后的结果，更是应该重视其变化的过程。

图 3-11　黄瓜形态的分析与概括（作者：蒋频 / 指导：宋珊琳）

作品点评：

　　图 3-11 中，通过观察，作者对黄瓜皮和黄瓜内部的籽产生了浓厚的兴趣。作者把具象的形体处理成抽象的点、线、面，依据其排列的形式进行了大胆的创新。并尝试用毛笔和颜料，对其形态和形式都做了一定的探索，从作业中清晰地反映出作者创造变化的思维过程。

课题实践 2　植物基础形态的装饰表现

课题描述：

以一片叶子或者一朵花为观察的对象，并采用提炼、概括、夸张等方法，弱化三维的视觉空间，以平面化的装饰手法表现植物外形、肌理、结构的特征。以单片叶子或者花的形态做 4 个或者 16 个不同的造型，要求新的造型仍保留了原始形态的视觉特征（图 3-12）。

训练目的：

通过课程实践，了解装饰表现的一般手法，并学会对简单物象进行平面化的装饰造型变化。把握造型中点、线、面以及黑、白、灰的要素及其相互关系。培养学生从立体形态向平面装饰造型转化的能力。

课题要求：

（1）变化的 4 个或者 16 个装饰造型，要求保留原对象的基本特征，且变化的装饰造型之间既有区别又有联系。

（2）要根据叶片或者花瓣脉络结构的特点合理进行变化。

（3）注意造型变化中点、线、面和黑白灰关系。

表现方式：

黑白装饰表现

作业尺寸：

20 厘米 ×20 厘米

图 3-12　叶子的变化（作者：庄欣 / 指导：宋珊琳）

知识点

夸张

夸张是基于提炼和概括的基础上，对物象的形体、动态、神态特征进行强调处理，使其对象特征更为鲜明和个性化，从而创造出生动而富有趣味性的造型。

如图 3-13，把仙人掌的局部形态——刺进行了夸张的处理，从而强调了仙人掌的形态特点。

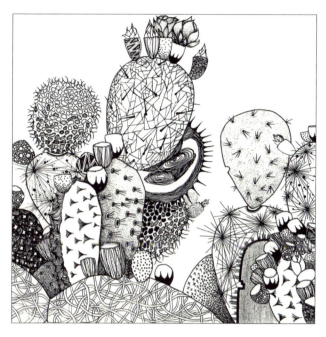

图 3-13　仙人掌（作者：陈媛媛／指导：宋珊琳）

平面化

平面化表达是装饰造型中常用的手法。其实质是弱化透视，将三维形态转向于二维平面的表达。这里的弱化透视是指弱化焦点透视，不再强调形态的体积感和空间感。正如中国山水画一样，在一个画面中可以出现多个视点，视点会随着视觉的移动而发生变化。在装饰造型中物象形态往往会在同一个平面中平铺展现，抑或是同时出现多个视点的各部分形态。如图 3-14 是古埃及的壁画。壁画中的人物头部都以侧面呈现，而颈部以下的肩部、胸部和腹部则以正面形象出现。但腹部之下连接的却是侧面的臀部及臀部以下肢体。人物各个肢体部分都以最佳的视角表现出来，在一个壁画中多个视点并存，这样的处理方式使画面充满了装饰性和趣味性。侧脸、正身的人物造型特点也使古埃及壁画充满了神秘和浪漫的气息。

图 3-14　古埃及壁画

秩序化

万物生长皆有其一定的秩序。在装饰造型中我们可以从自然形态的排列、组合及其形态的表面纹理入手，通过重复、渐变、发射、近似等构成形式进行秩序化地表现对象。装饰造型中的秩序化特点能更好地体现造型的简洁、单纯的美，使其更具有节奏感和韵律感。例如，叶片的脉络走向、动物的皮毛纹理等都是装饰造型的理想素材（图3-15）。

图3-15 秩序化的叶子

理想化

在装饰造型中，理想化是一种常用的表现手法。理想化的造型体现在两个方面。其一，是指美化了的，理想中的造型。其造型通常是指最能体现自然形态美感的一面，并把这种美感特征以完美的视觉形式进行呈现。其二，是指人们把美好的希望和寓意寄托于装饰的造型中。如图3-16，是中国民间年画《连年有余》。画面描绘了一个白胖的男孩儿怀抱鲤鱼坐在周围满是莲花的丛中。其中"莲"是"连"的谐音，"鱼"通"余"，表达了民间百姓希望来年丰收，生活富足的美好愿望。

图3-16 连年有余

作品案例分析

　　如图 3-17，作者分别采用了 4 种形态不一的树叶进行装饰造型变化。首先是对这四种叶子的形态分别进行整理和概括。由同一种叶子变化而来的外形有不同的变化，但彼此间又有原形共同的特征。其次，把经过概括的形用点、线、面进行装饰化表现，探索点、线、面的装饰语言。作者运用了点、线、面各自的性质，体会点线的疏密变化、线条的粗细对比所带来的视觉效果。再次，作者利用黑白灰的关系来体现植物造型的视觉层次。整件作品视觉效果强烈，装饰细节丰富。

第3章　体验与创造

087

图 3-17　叶子的装饰变化 1（作者：麻弘扬 / 指导：宋珊琳）

教学示例

作品点评：

图 3-18 中，用同一种叶子做 16 个不同的装饰造型，这 16 个造型既有区别又有联系。区别是指 16 个不同的造型有其特有的个性特征，联系是指 16 个造型又有原始形态的共同特征。作品中大量使用粗和细、曲和直的线条组织成不同的装饰纹饰，用以美化造型形态。装饰造型清秀雅致。

图 3-18　叶子的装饰变化 2（作者：马佳韵 / 指导：宋珊琳）

图 3-19　叶子的装饰变化 3（作者：陈宇曦 / 指导：宋珊琳）

作品点评：

图 3-19 中，整个画面黑、白、灰关系处理恰当，黑白对比强烈，给人强烈的视觉吸引力。不仅考虑了单个形态的黑、白、灰关系，连同相邻形态之间的黑白灰关系也一起考虑，使得每一层、每一列的黑白灰关系、强弱对比分布均匀。富有粗细变化的线条增强了造型的对比，整体视觉效果强烈。

作品点评：

图 3-20 中，作者对植物观察仔细，叶子外形处理简洁。添加的纹饰体现了叶片的脉络结构。强调黑白灰关系在画面中的应用。造型整体而富有变化。作者特意区别了外形轮廓与内部纹饰的关系，细节描绘语言丰富。

图 3-20　叶子的装饰变化 4（作者：佚名／指导：宋珊琳）

图 3-21　叶子的装饰变化 5（作者：佚名／指导：宋珊琳）

作品点评：

图 3-21 中，作者运用装饰化的语言对客观形态进行表现。内部纹饰变化丰富。经过装饰变化后的造型充分体现了原形态的特征。利用形态不一的线条和点，展现了花瓣结构和层次。不足之处在于个体形态的黑白灰对比还可以更强烈一些。

作品点评：

图 3-22 中，变化的装饰叶子特征明确，具有较强的识别性。叶脉的结构纹理表现细腻。围绕着叶子左右对称的特点，设计的造型富有均衡的美感。装饰造型统一中有变化，变化中又有统一。不足之处在于，可以加强黑白的对比，使作品更有视觉冲击力。

图 3-22　叶子的装饰变化 6（作者：朱智红 / 指导：宋珊琳）

作品点评：

图 3-23 中，作者善于利用密集的点、线形成层次丰富的面进行装饰，使面的表现不仅仅局限于单一的平涂，丰富了面的表现语言。用同样的手法利用点的密集，形成形态不一的线，使线的表达变得丰富、有趣。不足之处在于，作品中个别装饰造型没有将内部的纹样和外部的形状结合起来。

图 3-23　叶子的装饰变化 7（作者：曾伟伟 / 指导：宋珊琳）

作品点评：

图 3-24 中，作品画面黑白配置合理。点的大小、形态多样，配合粗细有致、曲直相宜的线条以及面，使得形态刻画精致而富有趣味。画面中作者注意到了小面积的形态对于面的谨慎使用。例如，第一个造型中大部分黑色的面上加以少量的较粗的白线勾画脉络的生长结构，使得形态造型对比强烈而又富有变化。

图 3-24 叶子的装饰变化 8（作者：吴月蟾 / 指导：宋珊琳）

图 3-25 叶子的装饰变化 9（作者：陈迎夏 / 指导：宋珊琳）

作品点评：

图 3-25 中，作者对 4 个形态各异的叶片和花朵进行了装饰变化，充分体现了 4 种叶子和花朵的特点。

不足之处在于，个别叶片的纹饰变化没有围绕叶脉的特点进行设计，显得似乎是为了装饰而装饰。而有的叶片的装饰纹饰却是过于简单，致使个别叶片显得太单薄。

作品点评：

图 3-26 中，叶子的内部装饰纹饰变化丰富，充分体现了叶脉的结构关系。曲线的应用表现出了嫩叶的柔美质感。

不足之处在于，首先，个别造型的纹饰过于琐碎，不利于体现造型的形式规律，可适当减少一些变化，这样更利于整体视觉效果的表现。其次，个别造型显得过于浓密，可适当增加一些留白。

图 3-26 叶子的装饰变化 10（作者：郑伟芳 / 指导：宋珊琳）

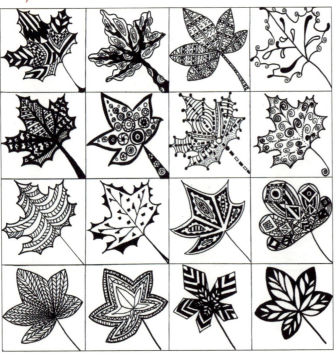

图 3-27 叶子的装饰变化 11（作者：温然然 / 指导：宋珊琳）

作品点评：

图 3-27 中，16 个新的装饰造型的形态之间有着微妙的变化，摆脱了对具象形态的依赖，进行了平面化的转化。作品中点线的疏密变化，使画面显得生动活泼，表现出了良好的视觉效果。

不足之处在于，个别叶子的叶柄太粗，不符合叶柄的形状特点。

课题实践 3　自然形态的装饰造型变化

课题描述：

选择某种你感兴趣的植物或者风景为对象，遵循形式美的法则，对原有形态采用概括、提炼、夸张、添加等装饰造型手法，对形态进行变形处理（图 3-28）。

训练目的：

通过课程实践，能运用常用的装饰造型手法对具象形态进行变形处理。理解形式美的法则，并能将形式美法则运用于具体的装饰造型变化中。培养对复杂物象的变形能力，从而提高造型的能力。

课题要求：

（1）以植物或者风景为对象，具体分析、理解对象的外形和结构特征。

（2）提炼对象的形状或形式特点，对原对象进行变形。

（3）通过点、线、面的装饰造型语言，添加合理的纹饰，美化造型形态。

（4）注意画面黑白灰关系的营建。

表现方式：

黑白装饰表现

作业尺寸：

20 厘米 ×20 厘米

图 3-28　荷（作者：吴月蟾 / 指导：宋珊琳）

知识点

形式美法则普遍存在于自然形态和人造形态中，它是一切造型艺术美的总法则。形式是物象形态各个部分编排、构筑的方式，它反映着客观事物的构造、组合的秩序。形式美法则是人们通过对自然形态形式的研究，并在长期的艺术实践中总结出来的符合人们审美规律的原则，它是创造美的造型艺术的基础。

变化与统一

变化与统一是形式美法则中最根本的法则。"变化"体现了造型元素中的差异性，这种差异性往往会带给人较强烈的视觉张力，它是造型中"动"的因子，给人以积极、向上、活泼的感受。而"统一"则是强调造型元素的和谐性、统一性。在形式美法则中它是对"变化"的限定，它是造型中"静"的因子。在造型中如果变化的元素过多，会给人凌乱、跳跃的感觉。反之，如果统一的元素过多，则会有呆板、缺乏生气的视觉感受。变化与统一既相互对立又相互依存，造型中的变化体现在形体的大小，线条的粗细、曲直，形象的方圆等方面。而这些变化又是受到统一的制约。因此，在造型艺术中，我们始终要遵循："在统一中求变化，在变化中求统一"的造型法则。这样，才能创造出丰富生动而又和谐统一的造型形态。如，吴冠中的作品《青鱼丰收二》，此画采用了青蓝色调，展现了大海之滨的渔村，青鱼丰收的场面。细看画面，鱼的形态、动态不一，却又统一在看似凌乱，实则不杂的线条中，把鱼儿活蹦乱跳的动态展露无遗（图 3-29）。

图 3-29 青鱼丰收二（作者：吴冠中）

对称与均衡

　　自然界中的许多形态有着对称的结构和形式。如，叶子、花瓣、昆虫，就连我们人体也是一个对称的自然形态。对称给人以稳重、安定的感觉。具体来分，对称又可以分为绝对对称和相对对称。绝对对称是指围绕着中轴线或者中心点的各个部分的形态完全一样（图3-30、图3-31）。相对对称较之于绝对对称显得更为灵活一些。它是指围绕着中轴线或者中心点的各个部分大小、形状基本相同，但存在着一些细小的差异的对称形式（图3-32）。而均衡则可以理解为等量不等形，它没有对称的结构，是由形的对称转向于力的平衡。在具体处理上，均衡可以通过色彩、构图、形体的大小、形态分布的疏密等手法来达到视觉上的平衡。如果说对称是静态的平衡，那么均衡则是追求动态的平衡（图3-33）。

图3-30　纹样设计（作者：王琦璐／指导：宋珊琳）

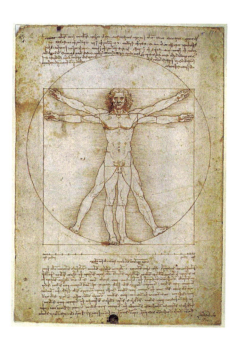

图3-31　维特鲁威人（作者：意大利　达·芬奇）

图3-32　宅院（作者：胡梦思／指导：宋珊琳）

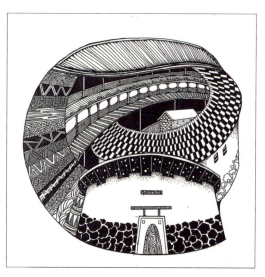

图3-33　土楼（作者：陈宇曦／指导：宋珊琳）

条理与反复

条理与反复是形态富有秩序感的重要因素。条理是将纷繁复杂的物象经过整理后使之变得有序和有规律。而反复不仅是指形态元素重复地出现，也可以是对某种形式规律的重复延伸（图 3-34）。

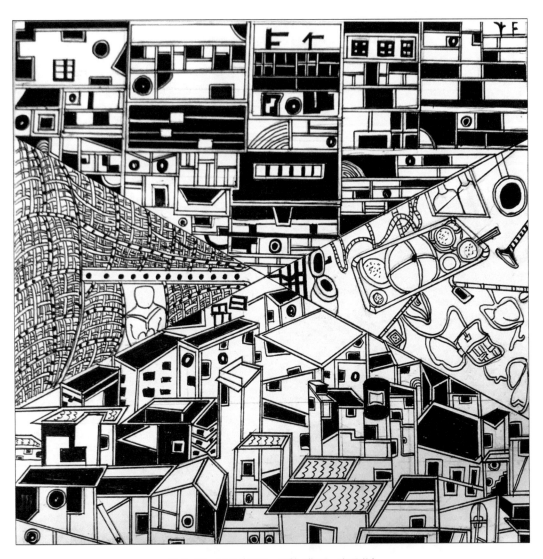

图 3-34　城市（作者：汪静 / 指导：宋珊琳）

节奏与韵律

节奏原本是音乐上的名词，是指音韵的快慢、顿挫、抑扬、强弱的交替变化过程。造型艺术和音乐有着千丝万缕的关系。在造型艺术中，节奏是指形式的交替、反复出现所形成的律动形式。

韵律是有规律的节奏。形的方圆、大小、虚实以及色的深浅、冷暖有规律地交替，形成节奏的强弱、缓急的趋势过程，会给人不同的律动感，它是人类抽象思维、情感的体验。节奏与韵律是密不可分的，是构成形式美法则的重要因素。如图 3-35，《午夜和晨雨中夜莺的歌声》，画家胡安·米罗在

渐变色彩的画底上用优美而又极
细的线条连接着象征了鸟儿、月
亮、星星的图形符号。反复出现
的线条、图形符号和色彩，仿佛
为我们奏响了一首舒缓的古典乐
曲，极富韵律和诗意的美感。

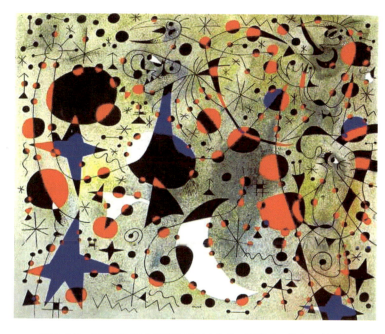

图 3-35　午夜和晨雨中夜莺的歌声（作者：西班牙　胡安·米罗）

图 3-36　站立的女人（作者：瑞士　阿尔贝托·贾科梅蒂）

比例与对照

比例是指形态各个局部之间或者是
局部与整体之间的数量关系。也可以反
映在不同形态之间的数量关系。例如，
我们讲的头身比指的就是人体中身高和
全头高的比例。古希腊的雕像中出现了
大量的 8 头身比例，这是公认的最美
的比例。大部分人一般为 7.5 头身。而
黄种人头身比大约为 7。在艺术造型中
比例通常可以根据艺术的需要打破这个
关系。如，瑞士雕塑家、油画家贾科梅
蒂的雕塑作品中的人物头身比远远超过
了 7.5，大都是被拉长了的细窄的样子。
雕塑中反映出来的人物形象更接近于从
远处观察人物时所见的样子（图 3-36）。

对照，是对比、参照的意思。比例需要以对照为衡量标准。例如，头身比就是以头的长度为参照的标准，得出头和身子的比例关系。造型艺术中，时刻要把握形态与形态之间的比例关系、形态与空间的比例关系、色彩之间的比例关系，而优美的比例关系正是通过对比和参照得来的。

作品案例分析

图 3-37 中，作者首先对复杂的物象形态进行了整理和分析，舍弃了一些琐碎的细节，大胆地对植物形态进行了取舍，以及概括化的处理。其次，把表现的重点放在对花朵部分的描写上，体现了花朵和花朵之间共同的形态和形式特征。基于对象的生长结构特点，采用不同的点线结合方式，对花朵的结构关系做了细致的装饰性描绘，使花体部分整体而又不失变化。作者采用了倾斜式的构图方式。相互穿插的茎秆、疏密有致的布局安排，似乎展现的是微风下植物摇曳的身姿，画面充满了活泼的律动感。

图 3-37　绣球花装饰造型（作者：马嘉韵 / 指导：宋珊琳）

教学示例

作品点评：

图 3-38 中，作者生动地展现了荷花的形体结构特点。以密集的点连接成线，用以表现荷花花瓣的纹理，这样的手法既清晰地体现了花瓣的纹理特征，又和荷叶的脉络及茎秆部分的实线有了对比。花瓣和花瓣之间层次清晰，并用极细的线条表现了阳光下花瓣的影子，区别了花瓣的纹理表现。整个画面表现手法细腻，视觉条理清晰，充分展现了荷花的生命力。

图 3-38 荷花（作者：施玉琼 / 指导：宋珊琳）

作品点评：

图 3-39 中，作者采用竖直的细线把画面进行了分割和布局。有意将部分红掌的花朵进行了移位，以增加画面的趣味感。作者条理清晰地把红掌的花、叶子和背景分别处理成白、灰、黑三个色调，使得黑白灰关系明确，视觉冲击力强。用简洁的点线概括性地处理花型部分，同时将叶子的纹理作为重点描绘，用粗黑的线条勾勒叶子的边缘，增加了视觉对比。叶子形态不一却有着共同的外形和结构特点。

图 3-39 红掌装饰造型（作者：朱智红 / 指导：宋珊琳）

作品点评：

图 3-40 中，画面黑白灰关系表现恰当，视觉吸引力强。作者将花朵和背景部分处理成白。叶子分层处理成黑和灰，展现了叶子和叶子之间前后、上下的关系。作者将细致的纹理描绘投向于叶子的表现，将前次课题练习中的表现手法成功地运用于本次课题练习中。画面简洁，主题突出，干净利落地将植物的形态用装饰化的语言体现了出来。

图 3-40 植物装饰变化（作者：唐金玉 / 指导：宋珊琳）

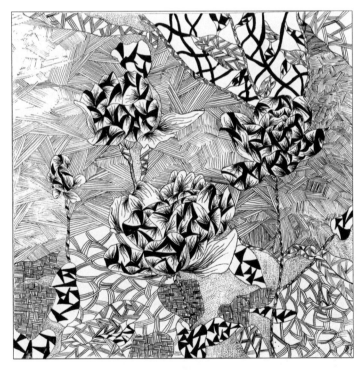

图 3-41 绣球花装饰造型（作者：沈华珍 / 指导：宋珊琳）

作品点评：

图 3-41 中，作品中的花体部分有着明显的特征，作者把花体部分的纹理都采用了统一的处理手法，增强了画面的统一性。采用了不同的线条排列方式来表现叶子的纹理。但是在处理由不同的点线排列组织而成的灰色部分时没有拉开色阶，特别是叶片和背景的关系没有进行区分，且背景纹饰处理过多，削弱了整体黑白灰关系的表现。

作品点评：

图 3-42 中，作者把荷叶平面地铺开，弱化焦点透视，展现了装饰造型中平面化的特点。利用黑白灰的关系将远景、中景、近景处的荷叶分层描写，以体现装饰造型的视觉秩序感。荷叶造型简洁，充分体现了脉络特征。画面黑、白、灰关系分明，视觉表现力较强。

图 3-42　荷叶的装饰造型（作者：王艳玲／指导：宋珊琳）

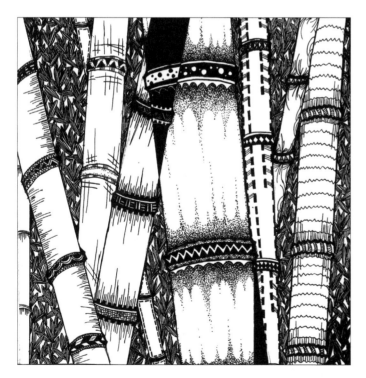

作品点评：

图 3-43 中，作者只是选择了竹竿中的某一部分和竹叶作为装饰变化的对象。疏密得当、错落有致地排列方式，让人有耳目一新的感觉。竹竿形体本就比较简洁，作者抓住了竹节部分进行变化设计，体现了竹竿的形体特点。此外，作者创造性地把竹叶作为背景，以平铺的方式呈现，与高大的竹竿形成了大小的对比。且竹叶的细密和竹竿的疏空也形成了鲜明的对比。

图 3-43　竹子的装饰造型（作者：陈宇曦／指导：宋珊琳）

作品点评：

　　图 3-44 中，作者没有采用以侧面角度表现牵牛花的常规手法，而是采用了正面的角度进行装饰表现。概括了花型特点，着重体现了花瓣与花瓣间的结构关系，利用牵牛花茎脉穿插缠绕的特点，将画面中的叶子、花朵串联成一个整体，使整个造型不会显得过于松散，造型变化丰富。

图 3-44　牵牛花的装饰造型（作者：周奕琳 / 指导：宋珊琳）

图 3-45　荷叶的装饰造型（作者：顾微 / 指导：宋珊琳）

作品点评：

　　图 3-45 中，作者采用不同的方向概括化地提炼了荷叶以及莲蓬的形态特点。用灰、黑色且形状不同的小块状的面来体现荷叶的纹理特征。作者还借鉴了中国传统水波纹的样式，并进行创新设计，既弥补了背景的苍白，又成功地描绘出了主体物的生长环境。

作品点评：

图 3-46 中，作者利用了构成中的发射骨骼对画面进行了构图安排。选择了最能展现马蹄莲美感的角度进行视觉呈现，体现了装饰造型"理想化"的造型特点。作者一反常态地只是用简单的点描绘了马蹄莲的花朵外形和结构，其余部分都是作为留白处理。相反地，将描绘的重点放在了叶子纹饰的处理上，将形态不一的花束叶子分类表现，有条理地把灰分成了几个色阶来处理不同形态的叶子。装饰造型中的灰，指的是用疏密不同的点和线所形成的深浅不一的灰。

作者把远处密集的叶子作为灰黑的背景来处理，这样的处理方式使背景和前面的主体物浑然一体，成为不可分割的一部分。灰黑的背景以及灰色的叶子衬托了马蹄莲花朵纯洁、素雅的特点。

图 3-46 马蹄莲的装饰造型（作者：郑韦芳／指导：宋珊琳）

作品点评：

图 3-47 中，作者用简洁的造型语言把景物进行了概括化处理。村落中的房子形态虽不完全相同，但作者将其统一处理成灰顶、白墙和黑窗。树皮上的花纹作者则用简洁的大小不一的点进行表现，充分体现了树干的特征。整体造型富有形式的美感，体现了装饰造型的趣味特点。

图 3-47　村落（作者：汪思铭/指导：宋珊琳）

图 3-48　屋顶（作者：王倩倩/指导：宋珊琳）

作品点评：

图 3-48 中，作者采用俯视的视点来观察眼前的风景。把描绘的对象主要集中于房顶的表现。采用密集的线条形成的灰来表现房顶，而墙面和窗户只是用留白和小块状的黑点带过。这种繁复和简洁的对比、黑白灰关系的运用，带来了良好的视觉呈现，画面体现了统一和变化的形式美法则。

作品点评：

图3-49中，作者采用了水平线＋垂线的构图方式。房子、树木概括成了几何形。黑面表现了房顶。用打碎的小黑面来表现树皮的纹理，和房顶的黑拉开了视觉层次。树叶则处理成纹饰不一但都成三角形形状的样式。作者对风景形态进行了高度的概括，点、线、面关系处理恰当，展现了风景装饰造型变化的特点。

图3-49 屋前的树（作者：张方瑜/指导：宋珊琳）

图3-50 城市建筑（作者：洪晓杰/指导：宋珊琳）

作品点评：

图3-50中，此作品表现的风景对象繁多。但是，作者成功梳理、概括了建筑的外形特点。利用形与形之间的并置、相交、透叠、差叠等关系，使整体造型产生了丰富的变化。配以黑、白、灰穿插于形态间，使得原本繁多、杂乱的对象变得层次清晰而富有条理，以平面化的装饰特点构筑了新造型。

作品点评：

图 3-51 中，作者把几栋庭院式建筑作为表现的对象。建筑整体外形概括简洁，以几何的造型方式表现了瓦片的形态及其排列的形式。院落中穿插了几棵高高的树木，用不同形态的点来表现树叶，并和规则的建筑形成了造型以及动静的对比。所剩不多的树叶，似是在晚秋季节，风景造型颇有几分庭院深深深几许的意境。

图 3-51 新中式庭院建筑（作者：邵帅奇 / 指导：宋珊琳）

3.2　解构与重构

导论

　　解构，即结构分解。把客观对象分解成最基本的构成要素，即点、线、面、体等视觉元素，从而打破原来对象的完整构造，去发现最具有对象特征的因素。把造型元素重新按照一定的形式美法则，组织成新的视觉形象即为重构。解构和重构并不是对物象进行机械地拆解和组合，它是我们对物象形态的理性分析和主观感受的结果。重构后的新形态虽然从客观对象中解放了出来，但仍然保留了客观对象的某些特征，并使其新形态更具风格化。

　　这种解构和重构的创作样式在中外传统艺术中就屡见不鲜。如图 3-52，我国新石器时期的彩陶纹样"蛙纹"，仅保留了蛙造型中最有特征性的"双眼"和"双爪"元素，并组合成圆形，形成了趣味十足的装饰纹样。如图 3-53，"饕餮纹"是我国商周时期青铜器的纹样。其纹样凝炼了虎、牛、蛇等部分造型元素，组合成一个意象中的怪兽纹样，是商周时期统治阶级权力、威严和神秘的象征。墨西哥人的"美洲虎扁平印"纹样，在概括了自然形态美洲虎的造型基础上，打破了自然形态的比例关系，强调了美洲虎的斑纹特征，并把这种弧形的斑纹特征放置于形态的各个部分。自然形态的外形和结构已经不再是艺术表现的重点，转而表达了理想化的主观形态（图 3-54）。

图 3-52　蛙纹

图 3-53　饕餮纹

图 3-54　美洲虎纹

图3-55 曼陀铃（作者：法国 乔治·勃拉克）

立体主义画家勃拉克的作品也可以为我们带来启示。如图3-55，《曼陀铃》这件作品中，画家将画中所有的静物进行概括，分解成最基本的几何形，把三维的立体空间变为平面的二维空间，画风简洁而单纯。

我们应摆脱客观对象的束缚，主动分析客观对象的特征，结合个人直觉感受，建立由被动描摹到主动构建、从具象绘画到抽象设计的意识。在构建新形态时，并不是旧的形态元素的简单堆砌，而是应该尊重自己的直觉感受，遵循变化与统一、对称与均衡、节奏与韵律、比例与对照等形式美法则来安排画面。

对于画面结构的考虑，在以往的具象写生课程中，我们总是试图透过对象的外轮廓去剖析内在结构，试图通过画面去还原对象、表现对象。在这次课程中，强调从对象的物理结构转向于画面结构的研究，即反映由对象的形体结构和空间结构生成的形式关系。画面的结构关系，更多的是考虑画面的分割，核心是在于如何建立画面中的视觉平衡，最终达到由视觉所引起的心理平衡。这种平衡的建立需要借助形状的大小，线条的粗细，明暗的深浅，色彩、肌理等视觉语言的对比与协调的综合运用。因此，分解与重构并不是最终的目的，也不是各个几何形的机械组合，而是要考虑到画面的流动感，即画面的和谐（图3-56）。

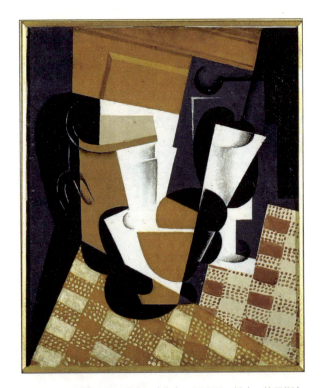

图3-56 葡萄酒壶和玻璃杯（作者：西班牙 胡安·格里斯）

课题实践　瓶罐的解析与重构

课题描述：

面对一堆自由摆放的瓶罐，进行自由组合构图（可以从中自主选择几个）。抛弃静物对象的表面明暗、肌理；关注内在结构的关系、正像和负像的关系；对形态和空间进行分解和重构，组织成新的视觉形态。

训练目的：

通过课题实践，理解解构和重构的含义，培养对客观形态进行分析、解构和重组的能力，以及主观构筑画面的能力。在分解和重构的过程中发现美的造型元素，获取新的视觉体验，提高对造型审美的素养。

课题要求：

（1）对自由摆放的瓶罐进行自由组合、构图。

（2）以线性素描的方式进行写生，注意保留静物的形体剖析线、对称线、水平线、垂直线等辅助线条。

（3）注意静物与静物之间、静物与空间之间以及正形与负形之间的关系。

（4）把静物形态进行解构，弱化静物原生形态的造型，依据形式美法则尝试构筑新形态（图3-57）。

表现方式：

绘画

作业尺寸：

8开或4开

图3-57　瓶罐的解构与重构1（作者：房渝皓 / 指导：薛朝晖）

知识点

抽象

　　关于抽象的艺术与艺术的抽象。任何自然形态中都包含着抽象的元素，即自然形都是由点、线、面组成。而抽象的艺术则蕴含着具象的意味。畅销七十多年的阿尔托花瓶（图 3-58）是芬兰著名的工业设计师、建筑师阿尔瓦·阿尔托为赫尔辛基甘蓝叶餐厅所设计的装饰品。这款玻璃器皿以芬兰星罗棋布的湖泊为灵感，将其设计成流利且不规则的曲线造型，这也是该产品久负盛名的根本所在。

　　"抽象艺术的出现标志着艺术家从精神上到形式上又进一步地解放和自由，抽象艺术不再以自然客观形象为标准，而是转向艺术内部，探索艺术自身要素的运用。"——蒙德里安。他认为艺术应该脱离具象的形式，以表现抽象的精神为目的。

　　吉诺·塞维里尼的作品《塔巴林舞场有动态的象形文字》（图 3-59）画面中各式舞蹈姿态的人群被分解成基本的几何形，结合了新印象主义点彩技巧，打造成抽象的、具有动感和旋律的新造型。强调了画家对舞蹈人群的律动感受。

　　如图 3-60，《通道》是莱昂内尔·费宁格作品。空无一人的通道，通过几何形的相互重叠、交错，产生一种寂静的意蕴。画面中平面光束的运用，更是烘托了这种抒情的风格。

图 3-58　阿尔托花瓶（作者：芬兰　阿尔瓦·阿尔托）

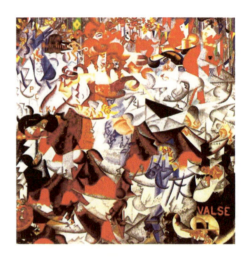

图 3-59　塔巴林舞场有动态的象形文字
（作者：意大利　吉诺·塞维里尼）

图 3-60　通道（作者：美国　莱昂内尔·费宁格）

教学示例

　　以结构素描的方式对瓶罐进行写生，注重形体的结构表现和形态之间空间关系的表达。可以尝试沿着形态的外形线、内在的结构线、辅助线等采用绘画、裁剪的方式对原形进行分解。再将分解后的形体重新进行排列组合，探索生成新的形态（图3-61～图3-64）。

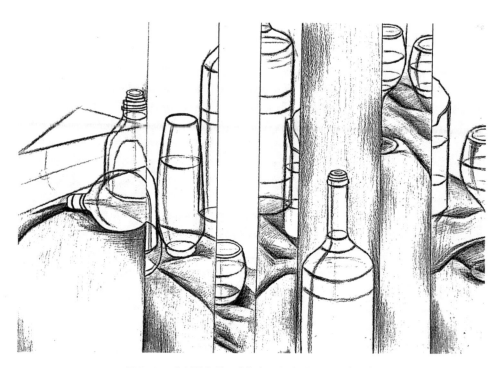

图 3-61　瓶罐的解构 1（作者：庄欣 / 指导：薛朝晖）

图 3-62　瓶罐的解构 2（作者：韩昉彤 / 指导：周燕）

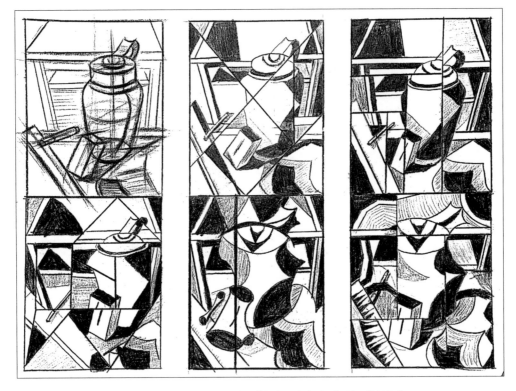

图 3-63　瓶罐的解构与重构 2（作者：张方瑜 / 指导：薛朝辉）

图 3-64　瓶罐的解构与重构 3（作者：李晓燕 / 指导：宋珊琳、薛朝晖）

作品点评：

如图 3-65，该作品试着将原生形态进行解构。探索着把瓶罐的外形线和内部的结构线以及辅助线相结合生成新的形态。作者注意了画面黑白灰关系的分布，以及形式法则的运用。建议可以解构得更彻底一些，这样重构时，不会受到原形态的束缚，将会有生成更多新的造型的可能。

图 3-65　瓶罐的解构 3（作者：王子怡 / 指导：周燕）

作品点评：

如图 3-66，该作品解构了瓶罐静物组合，并且通过一些延伸的结构线、辅助线将解构后的形态进行重新构造和排列组合。在重构时，把重点放在了形态的大小、疏密的分布和画面黑白灰关系的安排上，探索新形态以及画面韵味的表现，试着从具象的形态走向了抽象的构成。

图 3-66　瓶罐的解构与重构 4（作者：骆燕 / 指导：宋珊琳）

3.3　想象与创意

导论

　　设计学科的造型训练是记录思维和制作的过程，而不仅仅是对客观现实的复制。要把在生活中所看到的、听到的、触到的事物进行想象，创造出新的视觉形象。想象力是进行创意设计的根本驱动力。创造性想象是建立在对已有知识、经验的基础上并以感受和体验为切入点，发挥想象的能动性，进行创新设计。

　　课程中不仅强化对视觉要素的运用和视觉思维的创新，探索生成新形态的可能，而且通过新形态探寻画面的形式秩序和画面结构。

　　关于视觉秩序的建立。最初我们以直觉的方式去表现某种形式和秩序，明白自己内心的感受。随着画面的深入，我们会去有意识地强调这种形式和秩序，从而能更清晰、强烈地表达内在的精神。我们可以通过画面中视觉元素的聚散、动静对比、黑白灰层次的增强和减弱、色彩的对比等手段，发现形式之美，从而构建视觉的秩序。如图 3-67，弗朗西斯的《春》，画面中各种不同形状的几何色块相互差叠、透叠、相交……画面中的节奏与韵律很好地传达了欢乐情绪和动势。

图 3-67　春（作者：法国　弗朗西斯·毕卡比亚）

课题实践 声音——听·画

课题描述：

自行捕捉声音，或者准备音乐若干，且音乐不得出现歌词。听声音、音乐，体验、感受其中的节奏和韵律。调动自己的感官，发挥创意的想象，将对这种声音和音乐的感觉以抽象的点、线、面、色彩或者材料肌理进行视觉主观表达。注意画面形式、秩序的建立和意蕴的传达。

训练目的：

了解抽象、意象的概念。转变常规的观察、理解和表现事物的方法。培养感知事物的能力，体会声音形式中的秩序美感。了解主观形态的创造与表现方法，培养创意思维能力和主观的造型能力，拓宽艺术表现的手法。培养对抽象、意象艺术作品的欣赏能力，提高艺术的审美能力。

课题要求：

（1）准备声音或者音乐若干，要求准备的声音或者音乐没有具体的语言或歌词。

（2）用心聆听声音或者音乐，感受声音的特点、旋律的节奏和韵律，体会其可能表达的意味以及声音带给人的听觉感受。

（3）将听到、感受到的声音、音乐用抽象的视觉形式表达出来，创建新的视觉形态。

（4）注意画面的视觉秩序的构建。

（5）简单的创作说明。

表现方式：

绘画、拼贴、多材质等形式

作业尺寸：

16 开或 8 开

搜集大自然或者是生活中的声音，例如蝉鸣声、泉水流淌的叮咚声、车床的轰鸣声……也可以准备自己喜爱的音乐若干，可以是古典的、现代的、传统的、民间的……查阅搜集的声音、音乐的相关资料，细心聆听声音、音乐；写一写你听到的声音、音乐的感受；用视觉的语言将你的感受表达出来，重点表达自己对声音、乐曲的感受，并不完全依据声音和音乐进行描绘。可以是对音乐氛围的主观表达，也可以是对音乐中的某种节奏、韵律的视觉化呈现。

此次课程实践的练习，因为没有了具象形态作为参照，而是根据听到的声音、音乐，进行抽象化地表现，因此课程练习试着要求学生从客观对象中抽离出来，进行主观抽象化地、意象化地表现。但这种抽离又不是完全背离对象，随意在画纸上涂抹，而是可以理解为一种心象的表达。即使是同一种声音或者同一首音乐，不同的人来听，感受不同，视觉表现自然不同。在课程练习中体会各造型元素及元素之间产生的节奏、韵律所形成的有意味的形式，创造和谐的画面秩序感。发现声音、音乐的节奏和韵律进而转化为画者内心的感受，探寻画面的形式秩序，借助听觉、视觉的联动，最后以视觉的形式在画面中呈现出来。

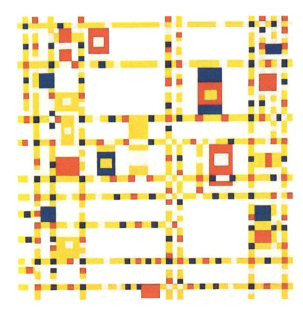

图3-68 百老汇的爵士乐（作者：荷兰 彼埃·蒙德里安）

图3-69 黄·红·蓝（作者：俄罗斯 瓦西里·康定斯基）

图3-70 光之间，第559号
（作者：俄罗斯 瓦西里·康定斯基）

作为几何抽象的代表人物蒙德里安，崇尚把画面中的一切造型元素都简化为最基本的几何形，彻底摆脱客观对象的束缚。如图3-68，《百老汇的爵士乐》画面中以黄色为主的平行、垂直线相互交错，在线条中又嵌以大小不一的红、蓝矩形，井然有序的画面又不失律动感，像是奏响了一曲欢快的爵士乐。同时又像是夜幕下的纽约，办公大楼灯火通明、路上车水马龙的都市景象。

早年学习过钢琴和小提琴的康定斯基，有不少是以表现音乐为主题的画作。他在绘画作品中探寻音乐之美。相对于蒙德里安的"冷抽象"，他的作品中多了一些抒情的成分，他的抽象又被称作"抒情抽象"，即"热抽象"。康定斯基深受德国现代派音乐家瓦格纳的影响，认为绘画和音乐一样，应该尽量减少情节、人物，通过艺术本身表达情感，直达人们的内心。图3-69中，作品《黄·红·蓝》由黄、红、蓝几个主要色块主导着画面，配以小的圆形、方形等几何抽象，以及长短、粗细不一的直线、曲线组成了画面的造型，带给人们浪漫抒情的想象。《光之间，第559号》画面中各个元素有条理地以水平和垂直方式排列着。整个画面似乎被光晕包围着，色彩柔和、雅致，呈现出神秘而又抒情的意境（图3-70）。

知识点

意象

创意造型的训练是一个从具象到抽象直至意象形态的训练过程。"意象"在《辞海》中是这样解释的：指"主观情意与外在物象融合的心象"。"意象"是对客观物象的主观反映。"象"是形，但已不再是客观物象的直接显现，而是高度融合了作者情感和意志的心象；而"意"则是隐藏在"象"背后的意蕴，是隐喻的思想和精神内涵。"意象"是通过"象"来传达"意"的。艺术设计中"意象"表现为把作者的主观感情融合于可感知的形象。具象、抽象、意象并没有明确的界限（图3-71）。

图 3-71　端坐的仕女（作者：常玉）　　　　图 3-72　构图第七号（作者：俄罗斯　瓦西里·康定斯基）

视觉秩序

视觉秩序包括了自然秩序和心理秩序，涵盖了一切形式美的法则：对比与调和、比例与对照、变化与统一、节奏与韵律、动感与静感等，其核心便是视觉平衡的建立。

康定斯基对于造型艺术进行总结时说过："伟大的造型艺术作品是交响乐曲，其中旋律的因素'具有一种稀少的和附属的作用'，主要的因素是'各个部分的平衡和系统的安排'。"从这段话中我们感知到了一个优秀的造型艺术是画面中各个视觉元素的和谐与统一。如图3-72，康定斯基的《构图第七号》整个画面结构复杂，各种不规则的点和形在扭曲的线条下，分割、重叠，加以作者丰富、斑斓的色彩和轻快而富有激情的笔触，使之浑然一体。画面中的每一部分在画家的表现下犹如一个个独立的乐章，而合起来则是一部气势恢宏的交响乐。这幅作品很好地阐释了康定斯基"造型艺术如同交响乐一般"的艺术主张，画面中各个视觉元素的关系和谐而统一。

教学示例

创作说明：

图 3-73 中，乐曲《The Rap》急拍的节奏欢快而单纯，自由而灵动。配以蓝紫的色调，似是进入神秘的森林，生命如此简单和美好。

图 3-74 中，夜深人静时，侧耳倾听墙上的钟表走动时发出的"咔嚓、咔嚓"声，极具机械的节奏和韵律，仿佛自己也来到了那个机械时代。

图 3-75 中，让星星之火在最黑暗的时刻仍顽强地燃烧，这微弱的火光是人类向往自由的意志，穿越历史直到永恒。

图 3-73　The Rap（作者：张佳齐 / 指导：薛朝晖）

图 3-74　钟表声（作者：岑盼南 / 指导：宋珊琳）

图 3-75　至暗时刻（作者：岑佳枫 / 指导：薛朝晖）

创作说明：

图 3-76 和图 3-77 表现的是飙车的音效。汽车发动机声、刹车声……带给人速度与激情的体验。

图 3-76 赛车 1（作者：黄黎理 / 指导：宋珊琳）

图 3-77 赛车 2（作者：黄黎理 / 指导：宋珊琳）

创作说明：

　　袅袅的梵音仿佛让人置身于山顶，尽情呼吸新鲜的空气，此刻的心灵也变得简单而纯净（图3-78）。

图3-78　梵音（作者：汪潇倩/指导：宋珊琳）

图3-79　跌落声（作者：徐瑞肇/指导：薛朝辉）

图3-80　匈牙利舞曲（作者：朱淑婷/指导：宋珊琳）

创作说明：

　　"哐当，哐当……"像是走进了一个大工地，不时有坍塌和跌落的声音响起，心时不时地紧张一下（图3-79）。

创作说明：

　　聆听勃拉姆的《匈牙利舞曲》，欢快而有力的圆舞曲节奏，华丽而流畅，轻盈而舒展。心也不由得跟着放飞。

创作说明：

图 3-81 中，闭眼细听神秘园的音乐。曲风优美，仿佛是潜入了水底，和鱼儿、水母们在珊瑚丛中穿梭，捉迷藏。纯净的音乐，让我沉浸其中。

图 3-82 中，仔细听音乐，背景声中有一种轻轻的、细密的，像是金属丝不断掉落的音效，和雄浑的整首曲风形成了全然不同的感觉。

图 3-83 中，乐曲像是把人带到了秋日里明媚的阳光下，坐在庭院里看到了枯树、墙壁和影子。

图 3-81　海底（作者：钟楠 / 指导：宋珊琳、薛朝晖）

图 3-82　背景乐（作者：徐瑞肇 / 指导：薛朝晖）

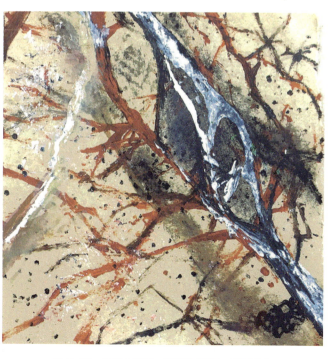

图 3-83　乐曲（作者：王淑瑶 / 指导：宋珊琳）

参考文献

[1] 王雪青，郑美京. 素描 [M]. 上海：上海人民美术出版社，2011.

[2] 周至禹. 设计素描 [M]. 北京：高等教育出版社，2016.

[3] 周至禹. 设计基础教学（第2版）[M]. 北京：北京大学出版社，2015.

[4] 吴国荣. 素描与视觉思维 [M]. 北京：中国轻工业出版社，2006.

[5] 内森·卡波特·黑尔. 艺术与自然的抽象 [M]. 上海：上海人民美术出版社，1988.

[6] 邬烈炎. 来自自然的形式 [M]. 南京：江苏美术出版社，2000.

[7] 宋建明. 设计造型基础 [M]. 上海：上海书画出版社，2000.

[8] 约翰·伊顿. 造型与形式构成：包豪斯的基础课程及其发展 [M]. 天津：天津人民美术出版社，1990.

[9] 林建群. 造型基础 [M]. 北京：高等教育出版社，2000.

[10] 王中义，许江. 从绘画到设计 [M]. 杭州：中国美术学院出版社，2002.

[11] 邱松. 设计造型基础 [M]. 北京：高等教育出版社，2015.

[12] 徐岸冰. 设计素描 [M]. 辽宁：辽宁美术出版社，2005.